Illustrator

2024 中文全彩铂金版 案例教程

苏晓曼 魏文卿 主编　张雪林 编著

中国青年出版社

图书在版编目（CIP）数据

Illustrator 2024中文全彩铂金版案例教程 /
苏晓曼，魏文卿主编；张雪林编著. — 北京：中国青年出版社，
2024.12. — ISBN 978-7-5153-7430-7

I.TP391.412

中国国家版本馆CIP数据核字第2024SB0085号

侵权举报电话

全国"扫黄打非"工作小组办公室　　中国青年出版社
010-65212870　　　　　　　　　　010-59231565
http://www.shdf.gov.cn　　　　　　E-mail: editor@cypmedia.com

Illustrator 2024中文全彩铂金版案例教程

主　　编：苏晓曼　魏文卿
编　　著：张雪林

出版发行：中国青年出版社
地　　址：北京市东城区东四十二条21号
电　　话：010-59231565
传　　真：010-59231381
网　　址：www.cyp.com.cn
编辑制作：北京中青雄狮数码传媒科技有限公司

责任编辑：徐安维
策划编辑：张鹏
执行编辑：张沣
封面设计：乌兰

印　　刷：北京瑞禾彩色印刷有限公司
开　　本：787mm×1092mm　1/16
印　　张：13
字　　数：392千字
版　　次：2024年12月北京第1版
印　　次：2024年12月第1次印刷
书　　号：978-7-5153-7430-7
定　　价：69.90元

本书如有印装质量等问题，请与本社联系
电话：010-59231565
读者来信：reader@cypmedia.com
投稿邮箱：author@cypmedia.com

首先，感谢您选择并阅读本书。

软件简介

Illustrator是Adobe公司推出的一款优秀的矢量绘图软件，广泛应用于视觉创意等相关行业。作为平面广告制作的主力军，Adobe Illustrator以其强大的图形处理能力、灵活的文字编辑功能以及高品质的输出功能，成为各类平面设计与制作的主要工具之一。为了帮助用户快速、系统地掌握Illustrator软件，我们特别策划并编写了本书。本书按照循序渐进、由浅入深的讲解方式，全面细致地介绍了Illustrator的各项功能及应用技巧，内容起点低、操作上手快、语言简洁、技术全面、资源丰富。

内容提要

本书以功能讲解+实战练习的形式，系统全面地讲解了Illustrator图形处理与设计的相关功能及技能应用，分为基础知识和综合案例两部分。

基础知识部分从实用的角度出发，全面、系统地讲解了Illustrator的功能和使用方法。在介绍基础知识的同时，本书还精心安排了具有针对性的实战案例，帮助读者轻松、快速地掌握软件的使用方法和应用技巧，快速熟悉软件功能和设计思路。每章内容结束时，会以"上机实训"的形式对本章所学内容进行综合练习，使读者快速熟悉软件功能，并能够综合应用本章所学知识。通过"课后练习"内容的设计，读者能对所学知识进行巩固加深。

综合案例部分综合运用多种工具和命令，以创意与实践相结合的进阶案例为抓手，让读者加深对相关知识的理解。书中除了有步骤讲解，还配有高清语音教学视频，方便读者观摩与学习，使读者不会错过任何关键知识和细节操作，扫码即可观看。通过4个综合商业实训内容的学习，能帮助读者提高Illustrator的综合应用水平与实战技能。

为了帮助读者更加直观地学习本书，随书附赠的光盘中还包含了大量的辅助学习资料：

● 书中全部案例的素材文件和效果文件，方便读者更高效地学习。

● 案例操作的多媒体有声视频教学录像，详细地展示了各个案例效果的实现过程，扫除初学者对新软件的陌生感。

● 全书内容的精美PPT电子课件，高效辅助教师进行授课，提高教学效果。

● 赠送海量设计素材，拓展学习的深度和广度，极大地提高学习效率。

适用读者群体

本书将呈现给那些迫切希望了解和掌握Adobe Illustrator软件的初学者，也可作为提高用户设计和创新能力的指导，适用读者群体如下。

- 各高等院校从零开始学习Adobe Illustrator的学生。
- 各职业院校相关专业及培训班学员。
- 从事平面广告设计和制作相关工作的设计师。
- 对图形图像处理感兴趣的读者。

本书在写作过程中力求谨慎，但因时间和精力有限，不足之处在所难免，敬请广大读者批评指正。

编　者

Ai 目录

第一部分　基础知识篇

第1章　认识Illustrator

第2章　简单图形的绘制

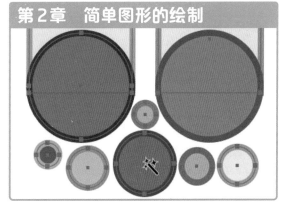

第3章 图形的编辑

第4章 填充上色

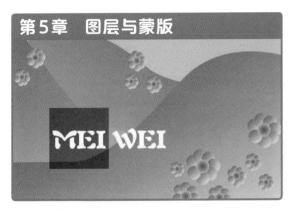

第二部分　综合案例篇

第8章　名片设计

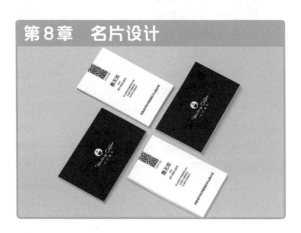

第9章　折页设计

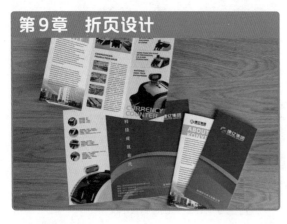

第10章　书籍装帧设计

第11章　海报设计

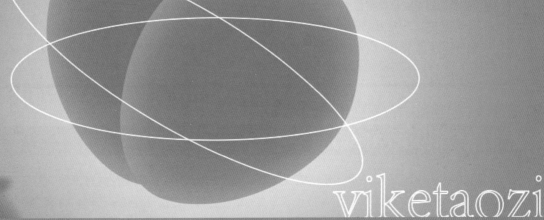

第一部分

基础知识篇

  Adobe Illustrator是Adobe公司推出的矢量图形编辑软件，主要应用于印刷出版、海报书籍排版、插画绘制、多媒体图像处理和互联网页面的制作等领域。作为全球著名的矢量图形软件之一，Illustrator以强大的功能和体贴的用户界面占据了全球矢量编辑软件中的大部分使用份额。本篇将通过学习和运用Illustrator的各种工具和功能，使用户可以掌握使用Illustrator进行矢量图形设计的方法和技巧，提升自己的设计水平。

Ai 第1章　认识Illustrator

本章概述

　　在学习使用Illustrator之前，需要先了解其相关的基础知识。本章将介绍Illustrator 2024概述、新增功能、工作界面的构成以及辅助工具的应用等。通过本章内容的学习，用户可以对Illustrator有基本的认识，能为以后的学习打下良好的基础。

核心知识点

❶ 了解Illustrator的工作逻辑
❷ 熟悉Illustrator的新增功能
❸ 熟悉Illustrator的工作界面
❹ 掌握Illustrator辅助工具的应用

1.1　Illustrator入门

　　Illustrator，简称AI，主要用于创建、编辑和排版矢量图形。矢量图形具有无限放大而不失真的特性，因此Illustrator应用广泛。Illustrator提供了丰富的绘图工具，包括各种画笔工具、形状工具、文字工具和渐变工具等，使用户能够轻松创建复杂的图形和插图。而Illustrator的图层管理功能，能让用户轻松组织和编辑复杂的设计项目。此外，Illustrator还具备一些高级功能，如图形样式库、符号库、色板库等，使用户能够更创造性地处理图形元素。

1.1.1　Illustrator的应用

　　Illustrator可以为线稿提供较高的精度和控制力，广泛应用于海报设计、图标设计、插画设计、多媒体图像处理和互联网页面的制作等方面。

（1）海报设计

　　海报设计是一种将图像、文字和图形元素结合起来，旨在传达特定信息、吸引目标观众并引起共鸣的艺术形式。海报设计通常用于文化活动、音乐会、电影、展览和产品推广等方面的宣传。矢量图因其无限缩放不失真的特性，多用于海报设计，而Illustrator软件多用于矢量图形编辑，因此在海报设计中经常使用。下左图为创意风格海报设计效果，下中图为公益海报设计效果，下右图为立体风格海报设计效果。

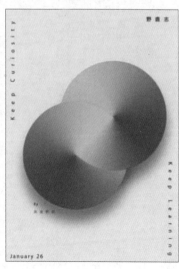

（2）标志设计

标志（logo）是品牌形象的核心部分，是表明事物特征的识别符号，以单纯、显著、易识别的形象、图形或文字符号为直观语言。Illustrator创建的图形是矢量化的，可以无损放大或缩小而不失去清晰度或质量，这对于标志设计至关重要，因为标志可能需要在不同尺寸和介质上使用。下左图为中国风标志设计效果，下中图为简约风标志设计效果，下右图为扁平风格标志设计效果。

（3）插画设计

插画设计是一种以图像和绘画为基础的艺术形式，通常用于书籍、杂志、广告和网络等各种媒体中。这种设计形式可以通过手绘、数字绘画或混合媒体来创建，目的是通过图像传达故事、情感或概念。在插画设计中，艺术家通常会运用色彩、线条和形状等元素来创造引人注目的视觉效果，从而吸引观众的注意力并传达特定的信息。使用Illustrator进行插画设计是一种常见且有效的方法，因为Illustrator提供了丰富的绘图工具和功能，可以帮助用户创建各种风格的插画。下左图为风景插画设计效果，下中图为人物插画设计效果，下右图为装饰插画设计效果。

（4）多媒体图像处理

使用Illustrator进行多媒体图像处理时，用户可以非常方便地创建和编辑各种类型的图像，包括照片、图标和图形等。虽然Illustrator主要是矢量图形软件，但用户也可以结合其功能与其他Adobe软件（如Photoshop）一起进行多媒体图像处理。

（5）互联网页面制作

虽然Illustrator主要是一款矢量图形设计软件，并不是用于创建实际网页代码的工具，但却可以作为设计阶段的重要工具帮助用户创建和调整网页的视觉设计。用户可以结合其他工具和技巧，利用Illustrator来创建互联网页面的设计稿，并与开发人员共享设计概念。

1.1.2　位图和矢量图的区别

位图（也称为像素图）和矢量图是两种不同类型的图形表示方式，它们在定义方式、缩放效果、文件大小、编辑对象、应用领域等方面存在差异。选择使用位图还是矢量图，取决于具体的设计需求和应用场景，在某些情况下，两者可能会结合使用以达到最佳效果。

（1）定义方式

- **位图：**使用像素（图像的最小单元）来定义图像，每个像素都有自己的颜色值。
- **矢量图：**使用数学方程式定义图像，通过路径和曲线描述形状。

（2）缩放

- **位图：**在位图中，当用户放大图像时，每个像素都会变得更大，导致图像失真和模糊。
- **矢量图：**矢量图可以被无限缩放而不损失质量，因为它基于数学公式。

位图和矢量图基于下左图放大几倍后的效果如下中图和下右图所示。

位图放大n倍　　　　矢量图放大n倍

（3）文件大小

- **位图：**文件大小受图像分辨率和颜色深度的影响，通常较大。
- **矢量图：**文件相对较小，因为矢量图只需要保存路径和曲线的数学信息。

（4）编辑

- **位图：**编辑时操作的是像素，因此缩放和修改可能导致图像失真，复杂图像的编辑可能更为困难。
- **矢量图：**编辑时可以随意调整图像的形状、颜色等，不会失真，更适合设计和绘图。

（5）应用领域

- **位图：**适用于照片、复杂图像、纹理等需要考虑每个像素的情况。
- **矢量图：**适用于图标、标志、插图等需要无损缩放和编辑的情况。

> **提示：JPG属于位图图像格式还是矢量图图像格式？**
>
> 　　JPG（通常指JPEG格式）是一种位图图像格式。位图也称为点阵图像或栅格图像，由许多单独的像素点组成，每个像素点代表一种颜色。JPEG文件适合存储连续色调的静态图像，适用于需要快速加载且质量不是主要考虑因素的场景，常见的位图图像格式还有PNG和GIF等。

1.1.3 Illustrator的基础功能

Illustrator作为一款功能强大的矢量图形编辑软件，着重于提供灵活的矢量图形编辑和设计工具，使用户能够创建高质量、可扩展的图形项目。本节将对Illustrator的基础功能进行介绍。

（1）画布和图层

用户在Illustrator中进行设计时，首先需要创建一个画布，然后在画布上添加各种图形元素。这些元素可以分别放置在不同的图层上，便于用户对设计进行组织和管理。

（2）基本绘图工具

Illustrator提供了各种绘图工具，包括画笔工具、铅笔工具、钢笔工具等，用于创建路径和形状，如下左图所示。

（3）文字工具

用户可以使用文字工具为设计效果添加文本元素，可以选择文字的字体、样式和大小，并对文本进行编辑，进行文字编辑的"字符"面板如下中图所示。

（4）效果和样式

Illustrator具有丰富的图形效果和样式选项，可以应用于图形元素，使其具有不同的视觉效果，如变形、扭曲和变换等，如下右图所示。

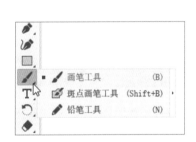

（5）导出和输出

完成设计后，用户可以将文件导出为不同格式，如AI、SVG、PDF等，以便在其他应用程序中使用或打印。

1.2 Illustrator的工作界面

Adobe Illustrator的工作界面包含许多工具和面板，用于创建和编辑矢量图形，如菜单栏、工具栏、画布、属性面板、控制面板、tab分页、状态栏等，如下页图所示。

- **菜单栏：** 在Illustrator软件界面顶部，包括文件、编辑、对象、视图等选项，用于执行各种软件操作。
- **工具栏：** 位于Illustrator界面左侧，包含绘图和编辑工具，如选择工具、画笔工具、形状工具等。通过单击工具栏中的图标，用户可以选择不同的工具。

- **画布**：位于Illustrator的界面中央区域，用户可以在其中创建和编辑矢量图形，包括放置形状、文本和图像等。
- **属性面板**：在属性面板中，用户可以调整所选对象的属性，如填充颜色、描边、大小等。
- **控制面板**：在控制面板中，用户可以快速调出各种设置数值和参数等。
- **tab分页**：在需要同时打开多个文件时，用户可以在tab分页处切换文件。
- **状态栏**：显示画布的比例和大小等信息。

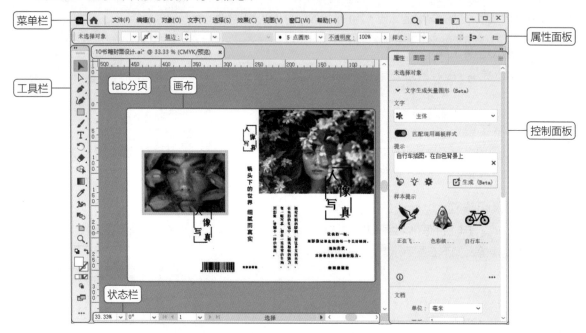

1.3　文件的基本操作

在Illustrator中，用户可以对文件执行许多基本操作，如新建、打开、保存和管理文档等。通过掌握这些基本操作，用户可以更轻松地编辑和管理Illustrator文档，以满足设计需求。

1.3.1　打开文件

要想打开文件，先在Illustrator的开始界面单击"打开"按钮，如下左图所示。然后在弹出的"打开"对话框中找到文档的所在位置，选中文档后单击"打开"按钮，如下右图所示。

1.3.2 新建文件

用户可以通过单击开始面板中的"新文件"按钮来新建文件，如下左图所示。也可以在打开Illustrator后，在菜单栏中执行"文件>新建"命令进行文件的新建，如下右图所示。

1.3.3 颜色模式设置

Illustrator中常见的文档颜色模式有两种，分别是RGB和CMYK。RGB颜色模式适用于屏幕显示或网页设计等包含彩色照片和图形的文档，CMYK颜色模式适用于包含印刷颜色的文档。

用户可以在Illustrator开始面板中单击"新文件"按钮，弹出"新建文档"对话框，单击"颜色模式"下拉按钮，在下拉列表中根据需求选择合适的颜色模式，如下图所示。

1.3.4 画板的创建与编辑

在Illustrator中，画板是绘制和编辑图形的区域。用户可以在同一文档中创建多个画板，每个画板可视为一个独立的页面或区域。在画板面板中，用户可以进行新建画板、删除画板、设定画板属性等操作，如下图所示。

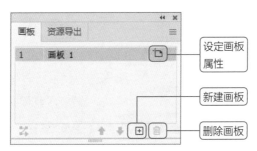

（1）添加画板

在菜单栏中执行"窗口>画板"命令，如下页左图所示。在弹出的"画板"面板中单击"新建画板"按钮，即可在页面中添加与初始画板大小相同的画板，如下右图所示。

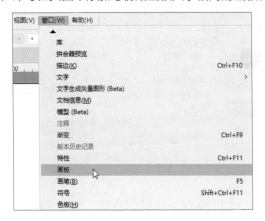
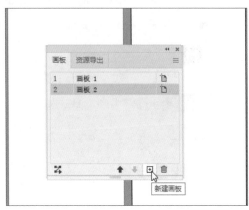

（2）编辑画板

在"画板"面板中单击选择需要编辑的画板，如下左图所示。然后选择工具箱中的画板编辑工具或按下Shift+O组合键，即可编辑画板的大小，如下右图所示。

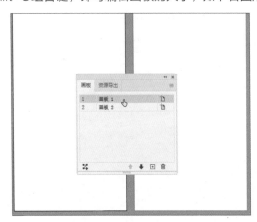
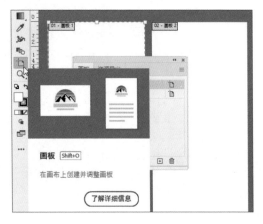

1.3.5 置入文件

Illustrator中的"置入"命令是将外部图像、照片或其他文件嵌入到Illustrator文档中的操作。通过执行置入操作，用户可以在设计中快速使用外部资源。置入文件的操作步骤如下。

步骤01 在"文件"的下拉菜单中选择"置入"选项，如下图所示。

步骤 02 在弹出的"置入"对话框中找到文档的所在位置，选中文档后，单击"置入"按钮，如下左图所示。

步骤 03 此时，光标变成带有置入预览的图标，单击文档中的任意位置，可以将图像插入该位置。用户还可以单击并拖动图像的4个角以指定插入图像的大小，如下右图所示。

1.3.6 还原操作

Illustrator中的还原操作允许用户纠正错误或撤销不需要的更改。用户可以通过还原操作撤销之前的步骤或操作，以回到原来的状态。下面是在Illustrator中进行还原操作的几种方法。

方法1：使用组合键
- **还原：** 按下Ctrl + Z组合键，可以撤销最后一步操作。
- **重做：** 按下Ctrl + Shift + Z组合键，可以重做刚刚撤销的操作。

方法2：执行菜单栏中的命令

在"编辑"的下拉菜单中，选择"还原移动"选项可以撤销最后一步操作，选择"重做"选项可以重做刚刚撤销的操作，如下左图所示。

方法3：使用"历史记录"面板

如果"历史记录"面板未打开，请先在菜单栏中执行"窗口> 历史记录"命令来打开它，然后在"历史记录"面板中，用户可以看到执行的所有操作的列表，如下右图所示。单击列表中的特定步骤，可将文档还原到进行该步骤之前的状态。

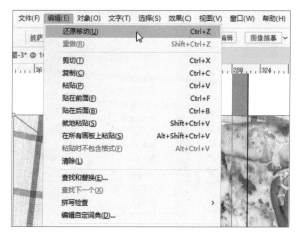 

1.3.7　存储文件

在Illustrator中对文件进行存储操作，可以确保用户的设计项目得到保存，防止数据丢失。下面是在Illustrator中执行存储操作的方法。

方法1：使用组合键

按下Ctrl+S组合键，可以保存当前文档。

如果是第一次保存文档，将会弹出文件保存对话框，在对话框中可以设置文件名和存储位置，如右图所示。更改信息后，使用上述组合键将保存对文档所做的更改。

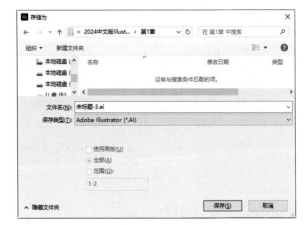

方法2：使用菜单栏中的命令

在"文件"下拉菜单中选择"保存"选项可以保存当前打开的文档。如果在"文件"下拉菜单中选择"另存为"选项，则可以将文档另存为不同的文件名或储存位置。

1.3.8　导出文件

在Illustrator中，导出操作允许用户将设计项目保存为不同的文件格式，以便在其他应用程序中使用或共享。下面是在Illustrator中进行导出操作的方法。

方法1：使用组合键

按下Ctrl + Shift + S组合键，可以快速执行导出命令。

方法2：使用菜单栏中的命令

用户可以在"文件"下拉菜单中选择"导出"或"存储"选项，进行文件导出操作，如下图所示。根据选择的导出格式，用户可以在导出对话框中设置不同的选项，如颜色模型、品质、分辨率等。

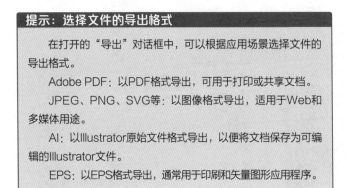

> **提示：选择文件的导出格式**
>
> 在打开的"导出"对话框中，可以根据应用场景选择文件的导出格式。
>
> Adobe PDF：以PDF格式导出，可用于打印或共享文档。
>
> JPEG、PNG、SVG等：以图像格式导出，适用于Web和多媒体用途。
>
> AI：以Illustrator原始文件格式导出，以便将文档保存为可编辑的Illustrator文件。
>
> EPS：以EPS格式导出，通常用于印刷和矢量图形应用程序。

1.4 文档的查看

在Illustrator中，可以使用各种工具和选项帮助用户查看和缩放文档，以满足设计和编辑需求。下面是在Illustrator中查看文档的几种常见方法。

- **放大和缩小**：使用放大工具或组合键，可以放大或缩小文档。常用 Ctrl +（放大）和Ctrl –（缩小）组合键来执行缩放操作。
- **实时预览**：在Illustrator中，用户可以在设计过程中实时预览图形，进行绘制、编辑或变换操作时，也可以在文档中看到实时的更改。
- **画板视图**：如果文档包含多个画板，可以使用"画板"面板来选择特定的画板并查看，使用户能够轻松地在不同画板之间切换。
- **"导航器"面板**：导航面板允许调整视图的位置和大小，以便更好地查看设计效果。用户可以在菜单栏中执行"窗口>导航"命令，调出"导航器"面板。
- **预览模式**：Illustrator提供了不同的预览模式，例如"轮廓"模式和"描边"模式。这些模式可以通过"视图"下拉菜单中的选项进行切换，以查看设计的不同方面。
- **打印预览**：用户可以在菜单栏中执行"文件>打印"命令进行打印，如下左图所示。在打开的"打印"对话框中能查看设计打印时的外观，或调整打印设置和布局，如下右图所示。

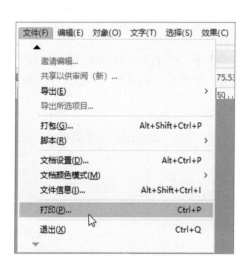
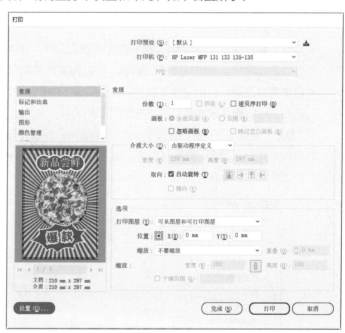

- **隐藏/显示工具栏和面板**：用户可以通过按Tab键来切换隐藏或显示工具栏和面板，以便腾出更多的设计空间。

1.4.1 抓手工具

Illustrator中的抓手工具用于在大型文档中浏览和移动视图，该工具允许用户在文档中上下左右滚动，以查看文档的不同部分。但抓手工具只是一种用于移动视图的工具，不会更改文档中的内容。

要使用抓手工具，首先在Illustrator软件中打开文档，然后在工具栏中选择抓手工具，如下页左图所示。此时光标将变成一个小手的图标，如下页右图所示。

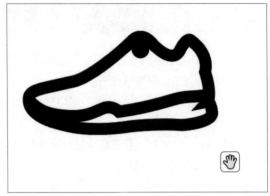

选择抓手工具后，通过拖动鼠标，可以将文档向上、向下、向左或向右滚动，以便查看文档的不同部分。抓手工具特别适合处理大型或复杂的文档，能使用户轻松导航和查看整个设计。

1.4.2　缩放工具

Illustrator有多种缩放工具，用于调整和变换图形元素的大小。这些工具可以帮助用户根据具体需求进行缩放操作。

- **选择工具**：选择工具可用于选择对象并在选择后进行缩放。选择对象后，用户可以拖动边框的调整手柄来改变其大小。
- **缩放工具**：缩放工具是专门用于缩放对象的工具。选择缩放工具后单击并拖动对象的边缘或角，就可以进行缩放。缩放时按住Shift键，可以保持缩放对象的纵横比不变。
- **自由变换工具**：自由变换工具允许用户以更自由的方式变换对象，包括旋转、倾斜和缩放。选择对象后，可以使用自由变换工具拖动对象的边缘或角来进行调整。
- **"变换"面板**："变换"面板是一个功能强大的面板，可以准确控制对象的大小。选择对象后，在菜单栏中执行"窗口>变换"命令，如下左图所示。打开"变换"面板后，用户可以手动输入要缩放的百分比或具体尺寸，如下右图所示。

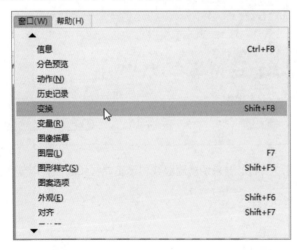

1.4.3　导航器

在Illustrator中，用户可以使用导航器轻松查看和导航大型或复杂的图像，从而精确地编辑和处理图形元素。下面是使用导航器查看图像的步骤。

步骤 01 在菜单栏中执行"窗口>导航器"命令，如下左图所示。

步骤 02 在打开的"导航器"面板的预览窗口中，会显示整个画布的缩略图，如下右图所示。

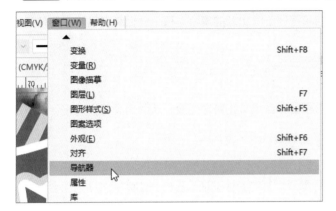

1.5 工具栏

Illustrator的工具栏包含了各种工具，用户可以根据设计需求使用不同的工具来创建和编辑矢量图形。Illustrator工具栏中一些常见的工具和它们的简要描述如下表所示。

工具	功能介绍
选择工具	用于选择、移动和转换对象
直接选择工具	允许用户选择并编辑单个路径和锚点
钢笔工具	用于创建或编辑曲线和路径
弯曲工具	可以更直观地创建曲线路径
画笔工具	用于绘制自由线条和涂鸦
铅笔工具	允许用户手绘线条和路径
吸管工具	用于复制和应用颜色属性
文字工具	用于添加和编辑文本
形状工具	包括矩形、椭圆、多边形等形状工具，用于创建基本形状
旋转工具	用于旋转对象
缩放工具	用于缩放对象
倾斜工具	用于倾斜对象
镜像工具	用于镜像翻转对象
剪切工具	用于裁剪画布或对象
度量工具	用于测量距离和角度
形状生成器工具	用于合并、分割和编辑形状

提示：编辑工具栏

用户可根据操作习惯编辑工具栏。要查看完整的工具列表，请选择"基本"工具栏底部的"编辑工具栏" ··· 图标，随即会显示所有工具抽屉，其中列出了Illustrator中提供的所有工具。

1.6 面板

Illustrator的面板是软件界面中可用于控制和管理不同功能的集合。每个面板都有其特定的任务或功能，以帮助用户更有效地创建和编辑矢量图形。

1.6.1 管理面板

在Illustrator中，用户可以根据自己的需求和喜好自定义和管理面板，从而提高工作效率。以下是一些关于管理面板的常见操作。

（1）打开和关闭面板

单击"窗口"选项，在下拉菜单列表中选择需要打开的面板选项。已打开的面板选项前面会有一个对号，关闭的则没有，如下左图所示。面板的标题栏通常有一个小菜单图标，用户可以单击该图标选择不同的选项，设置不同的面板状态，如下右图所示。

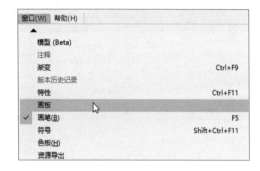

（2）排列和分组面板

排列和分组面板需要拖动面板的标题栏，将其移动到所需位置。用户还可以通过拖动一个面板的标题栏到另一个面板上，来将多个面板组合在一起，如下左图所示。

（3）重置面板布局

在"窗口"下拉菜单中依次执行"工作区>重置基本功能"命令，可以将面板恢复到默认布局，如下右图所示。

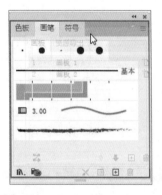
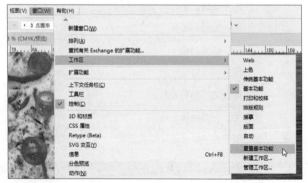

（4）保存为工作区

创建了自定义的面板布局和工作环境后，可以将其保存为工作区。在"窗口"下拉菜单中依次执行"工作区>新建工作区"命令来保存当前设置。

1.6.2 "属性"面板

"属性"面板用于显示和编辑所选对象的属性和设置。用户可以在菜单栏中执行"窗口>属性"命令，如下左图所示。根据所选对象的类型和需要，"属性"面板的内容会有所不同，如下右图所示。用户可以通过"属性"面板精确地调整和变换图形元素的外观等，更轻松地创建专业的图形和插图。

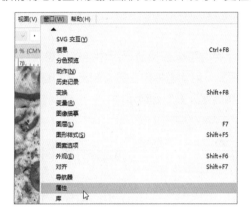

1.6.3 "图层"面板

Illustrator的"图层"面板是用于管理和组织文档中各个图形元素的重要工具，如右图所示。通过"图层"面板，用户可以控制图形的可见性、堆叠顺序和相互之间的层次关系等，有助于更好地组织和控制图形元素。

- **创建图层**：单击"图层"面板底部的"新建图层"按钮，创建新图层。用户可以将不同的元素分布在不同的图层中，便于图层管理。
- **可见性**：每个图层左侧都有一个眼睛图标，用户可以单击该图标来切换图层的可见性，此功能用于在设计过程中暂时隐藏或显示特定元素。
- **锁定图层**：用于防止对特定图层进行编辑，单击图层旁边的锁定图标，可以防止意外更改。
- **图层的堆叠顺序**："图层"面板中的图层是以堆叠顺序排列的，用户可以拖动图层以更改堆叠顺序。
- **组合图层**：用户可以将多个图层组合在一起，以便更有效地管理。选中图层并右击，在弹出的快捷菜单中选择"编组"命令，可以创建一个图层组，如下左图所示。
- **合并和分离图层**：用户可以合并多个图层，也可以将一个图层组的内容分离成多个图层。选中图层组并右击，在弹出的快捷菜单中选择"取消编组"命令即可分离图层，如下右图所示。

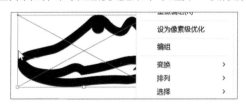

- **重命名图层**：在"图层"面板中双击图层名称可对图层进行重命名。
- **图层锁定与隐藏**：除了锁定和隐藏整个图层外，用户还可以锁定和隐藏图层中的单个对象。这对于精细的对象编辑非常有用。

1.7 辅助工具

Illustrator提供了许多辅助工具，以帮助用户在矢量图形设计中能更轻松地创建、编辑和排列对象，实现更精确和专业的设计。

1.7.1 标尺

标尺位于Illustrator窗口的左侧或顶端，使用时可以直接从标尺中拖拽出参考线，不使用时将其隐藏。标尺工具可以计算工作区任意两点之间的距离，且使用标尺工具绘制出来的直线不会被打印出来。标尺以类似X轴和Y轴的数值条来显示图像的宽度和高度，如下图所示。

在"视图"下拉菜单中依次执行"标尺>显示表尺"命令或按下Ctrl+R组合键，可以显示标尺（再次按下Ctrl+R组合键，可隐藏标尺）。

1.7.2 参考线

在Illustrator中，参考线是用来辅助设计和布局的线条或标记，可以帮助用户精确地排列、对齐和定位图形元素，如下图所示。参考线可以通过单击页面顶部和左侧的标尺创建，或者通过从标尺中直接拖拽而创建。

1.7.3 智能参考线

Illustrator具有智能参考线功能。智能参考线是一种在用户需要时就出现，不需要时就隐藏的参考线。使用移动工具进行操作时，智能参考线可以自动出现在画布上，帮助用户对齐形状、切片和选区，如下左图所示。用户可以通过在"视图"下拉菜单中选择"智能参考线"命令来隐藏或显示智能参考线，如下右图所示。

1.7.4 网格

Illustrator提供了多种类型的网格，如基本网格、一点透视网格、两点透视网格、三点透视网格等，用户还可以根据具体的设计需求自定义和使用网格。此外，用户根据自身的设计需求，在"视图"下拉菜单中选择"透视网格"命令，能在子菜单中启用或禁用不同类型的网格，如下图所示。

1.8 首选项设置

Illustrator的首选项设置允许用户自定义工作环境、性能选项和其他软件行为。常见的首选项设置有常规、选择和锚点显示、文字、单位等，用户可以在"编辑"下拉菜单中依次执行"首选项>常规"命令，或使用Ctrl+K组合键调出首选项面板，自定义Illustrator的行为和外观。"首选项"对话框如下图所示。

1.9 默认快捷键与自定义快捷键

Illustrator有许多默认的快捷键，可以帮助用户在软件中迅速进行操作，以提高工作效率。如果想要查看完整的快捷键列表，可以在"编辑"下拉菜单中选择"键盘快捷键"选项，如下页左图所示。或按下Alt+Shift+Ctrl+K组合键，获得快捷键列表。单击组合键选项即可更改快捷键，如下页右图所示。

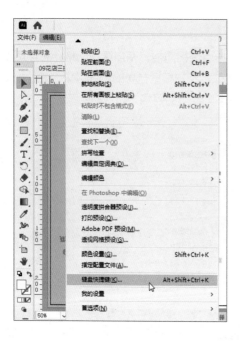
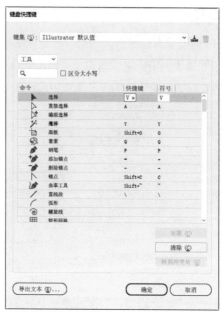

1.10　新增功能

Adobe Illustrator 2024的新增功能包括更好的3D图形渲染、更强大的描边控制、更平滑的画布旋转以及改进的字体搜索功能等，这些功能在设计过程中为用户提供了极大的便利。

1.10.1　文字生成矢量图形

在"窗口"下拉菜单中选择"文字生成矢量图形（Beta）"命令，如下左图所示。弹出"文字生成矢量图形（Beta）"面板，在"提示"文本框中输入提示，单击"生成"按钮，即可创建完全可编辑的矢量图形，如下右图所示。

1.10.2　字体提取

在"窗口"下拉菜单中选择"Retype（Beta）"
选项，如下左图所示。在弹出的面板中选择图像，然后
单击面板中的"进入"按钮，如下右图所示，即可从
Adobe Fonts（字体库）中找出相似的匹配字体，将静
态文本（光栅图形或轮廓文本）变为可编辑的文本。

1.10.3　快速建立应用模型

选中图形，在"对象"的下拉菜单中选择"模型（Beta）"＞"建立"选项，如下左图所示，即可直接
在Illustrator中快速而轻松地预览图形的应用模型，如下右图所示。

1.10.4　上下文任务栏

上下文任务栏功能可以提供与选择对象最相关的后续操作，使用户能快速完成下一步操作。在"窗口"
下拉菜单中选择"上下文任务栏"选项，即可弹出上下文任务栏，如下图所示。

知识延伸：使用"重新着色"功能快速更改图形配色

在绘制矢量图形时，若需要展示多种效果，可以使用多种配色来变换矢量图形的风格。下面是应用重新着色功能改变配色的方法。

选中矢量图形，在"属性"面板最下方找到"重新着色"按钮，如下左图所示。单击"重新着色"按钮，即可弹出相应的面板，如下右图所示。

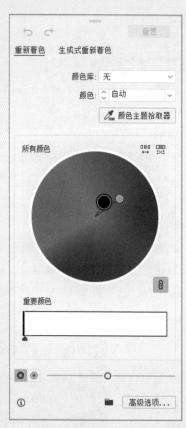

用户可以在"重新着色"调色板中移动按钮来选择配色，如下左图所示。也可以单击"生成式重新着色"选项，在"生成式重新着色"面板中根据需要，在提示框中输入想要效果的相关文字描述，然后单击"生成"按钮，如下中图所示。

使用"重新着色"功能快速更改图形配色的效果如下右图所示。

上机实训：使用"置入"命令创建风景拼贴画

学习完本章的知识后，用户对Illustrator的基础操作有了一定的认识。下面通过制作拼贴画来巩固本章的知识，具体操作如下。

扫码看视频

步骤 01 打开Illustrator 2024软件，在开始面板的"快速创建新文件"选项区域选择A4选项，新建一个A4大小的文件，如下左图所示。

步骤 02 执行"文件>置入"命令，在弹出的"置入"对话框中选择需要用到的素材，单击"置入"按钮，如下右图所示。

步骤 03 将置入的素材放置到画板上，如下左图所示。

步骤 04 根据设计思路并结合排版方法对素材进行排版，如下右图所示。

步骤05 在工具栏中选择矩形工具，绘制一个无填充、描边颜色为黑色、大小为20pt的矩形，如下左图所示。

步骤06 执行"文件>导出>导出为"命令，打开"导出"对话框，输入"文件名"文本框中输入文件名称后，单击"保存类型"下拉按钮，在打开的下拉列表中选择JPEG格式选项，然后单击"导出"按钮将文件导出为JPG格式，如下右图所示。

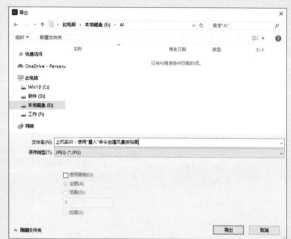

步骤07 查看拼贴画的最终效果，如下图所示。

课后练习

一、选择题

（1）Illustrator是一款功能强大的（　　）处理软件。

　　A. 矢量图形　　　　　　　　　　　　B. 数字化图像

　　C. A和B都是　　　　　　　　　　　　D. A和B都不是

（2）在Illustrator软件操作的过程中，返回上一步的方法为（　　）。

　　A. 使用Ctrl+Z组合健　　　　　　　　B. 在"历史记录"面板中选择步骤

　　C. 执行"编辑>还原"操作　　　　　　D. 以上都可以

（3）（多选题）Illustrator主要用于创建、编辑和排版矢量图形，而非基于像素的图像。矢量图形具有无限放大而不失真的特性，因此可用于（　　）。

　　A. 标志设计　　　　　　　　　　　　B. 海报制作

　　C. 插画设计　　　　　　　　　　　　D. 包装设计

二、填空题

（1）在Adobe Illustrator中，常见的文档的颜色模式有两种，分别是＿＿＿＿＿＿和＿＿＿＿＿＿。

（2）智能参考线可以帮助用户对齐＿＿＿＿＿、＿＿＿＿＿、＿＿＿＿＿等。

（3）Illustrator主要处理矢量图形，矢量图形由＿＿＿＿＿定义的路径和曲线构成，而非像素。这使得图形能够在不失真的情况下＿＿＿＿＿。

三、上机题

　　学习熟悉Illustrator快捷键的操作后，用户可以根据自己的喜好和习惯自定义快捷键。首先在"编辑"下拉菜单中选择"键盘快捷键"命令，如下左图所示。然后在打开的"键盘快捷键"对话框中设置相应的快捷键。笔者设置的快捷键如下右图所示。

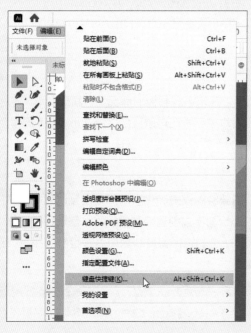

Ai 第2章 简单图形的绘制

本章概述

学习Illustrator可以从简单的图形绘制入手，本章将介绍Illustrator多种形状工具的应用，帮助用户轻松、准确地创建基本形状。同时，学习在Illustrator中对图形对象进行编辑的方法，为用户设计能力的提升打下良好的基础。

核心知识点

❶ 了解Illustrator的绘图模式
❷ 熟悉基本图形绘制工具的使用
❸ 学习使用线段和网格的绘制工具
❹ 掌握编辑对象的方法

2.1 Illustrator的绘图模式

Illustrator提供的三种绘图模式，分别为正常绘图模式、背面绘图模式与内部绘图模式。在Illustrator中创建图形时，新建图形默认堆叠在原有图形的上方，用户可以根据设计需要切换绘图模式。下左图为正常绘图模式，下中图为背面绘图模式，下右图为内部绘图模式。

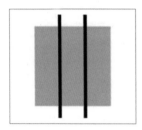 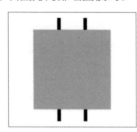 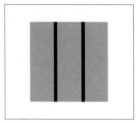

（1）正常绘图模式

在正常绘图模式下，默认新建图形位于最顶部。若要切换绘图模式，可以在Illustrator主界面左侧工具栏下方选择绘图模式，如右图所示，也可以使用Shift+D组合键切换绘图模式。

（2）背面绘图模式

背面绘图模式允许用户在所选对象的底层绘制图形。在未选择画板的情况下，新建图形在所选图层的最底层绘图。在选择画板的情况下，新建对象在所选对象底部绘制图形。在创建新图层、从"文件"菜单置入文件、按住Alt键拖动以复制对象等情况下要遵循背面绘图模式。

（3）内部绘图模式

内部绘图模式允许用户在所选对象的内部绘图。内部绘图模式简化了用户在绘制过程中的操作步骤，仅在选择单一对象（路径或文本）时启用。在使用内部绘图模式创建剪贴蒙版时，需选择要在其中绘制的路径，切换到"内部绘图模式"。使用内部绘图模式时所选的路径将持续剪切后续绘制的路径，直到切换为"正常绘图模式"为止。

> **提示："粘贴"命令受绘图模式的影响吗？**
>
> 执行"粘贴""就地粘贴"和"在所有画板上粘贴"命令时要遵循绘图模式。但在执行"粘贴>贴在前面/贴在后面"命令时不受绘图模式影响。

2.2 绘制基本图形

在Illustrator中，使用形状工具可以轻松、精确地创建基本形状。使用形状工具制作的大多数形状为实时形状，用户可以动态地调整它们。矩形、圆形、多边形和星形是最简单、最基本，也是最重要的图形。使用矩形工具、圆角矩形工具、椭圆工具、多边形工具和星形工具等，可以轻易地通过在页面上拖拽光标绘制出各种形状，如下左图所示。用户也可以在画板中打开相应的对话框，通过在对话框中设置参数，精确绘制图形，如下右图所示。

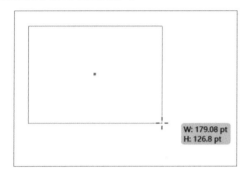
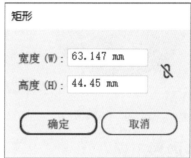

2.2.1 矩形工具

矩形工具用于创建各种矩形形状。选择矩形工具（M）并在画布上拖动光标以绘制矩形，如下左图所示。拖动时按住Shift键可绘制正方形，如下右图所示。

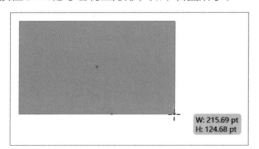
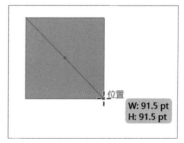

2.2.2 圆角矩形工具

圆角矩形工具用于创建具有圆角效果的矩形形状。选择圆角矩形工具并在画布上拖动光标以绘制圆角矩形，绘制方法与矩形工具相同。在绘制圆角矩形过程中，可以使用"↑"键和"↓"键来增加和减小圆角半径值。不断增加圆角半径值，可使圆角矩形图形接近直至成为圆形，如下左图所示。不断减小圆角半径值，可使圆角矩形图形接近直至成为方形，如下右图所示。使用"←"键和"→"键也可以使圆角矩形在方形和圆形之间切换。

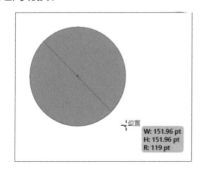
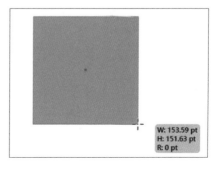

2.2.3 椭圆工具

椭圆工具用于创建椭圆形状或圆形。选择椭圆工具（L），在画布上拖动光标绘制椭圆，如下左图所示。拖动时按住Shift键可绘制正圆，如下右图所示。按住Alt键可绘制以单击点为中心点向外扩展的椭圆，而同时按住Shift键和Alt键，可绘制以单击点为中心点向外扩展的正圆。

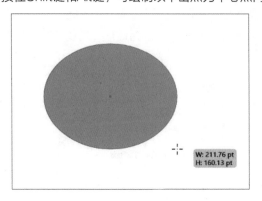 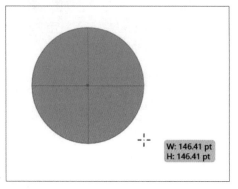

2.2.4 多边形工具

多边形工具是用于创建多边形形状的绘图工具。选择多边形工具，在画布上拖动光标绘制三边及三边以上的图形。在使用多边形工具绘制图形的过程中，用户可以使用"↑"键或"↓"键来增加或减少多边形的边数，如下左图所示。通过移动光标可以旋转缩放多边形，按住Shift键可以在固定多边形角度的同时进行缩放。此外，还可以在多边形工具对话框中设置多边形的半径以及边数，如下右图所示。

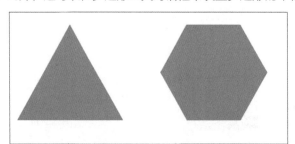 

2.2.5 星形工具

星形工具用于创建星形图案。选择星形工具，然后在画布上拖动光标绘制星形。星形工具的绘制方法与多边形工具相同，但星形工具的对话框中有两个半径参数，并且图形的变换使用"角点数"来呈现，如下左图所示。两个半径参数中的"半径1"指星形中心到星形最内点的距离，"半径2"指星形中心到星形最外点的距离，而"角点数"是指星形具有的角数，如下右图所示。

 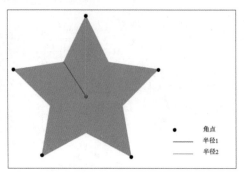

实战练习 使用星形工具制作星形背景

下面通过使用星形工具制作星形背景的实例来巩固本小节的知识，具体操作如下。

步骤 01 打开Illustrator 2024软件，新建一个A4大小的文件，使用矩形工具绘制一个无描边、填充颜色为红色的矩形，如下左图所示。

步骤 02 使用星形工具在画板上绘制多个无填充、描边颜色为黄色、大小为7pt的正五角星，如下中图所示。

步骤 03 选中所有五角星，在页面顶部的属性面板中将不透明度设置为30%，如下右图所示。

步骤 04 执行"文件>导出>导出为"命令，打开"导出"对话框，设置"文件名"为"星形背景"，单击"保存类型"下三角按钮，在下拉列表中选择JPEG格式选项，然后单击"导出"按钮，将文件导出为JPG格式，如下左图所示。

步骤 05 查看星形背景的最终效果，如下右图所示。

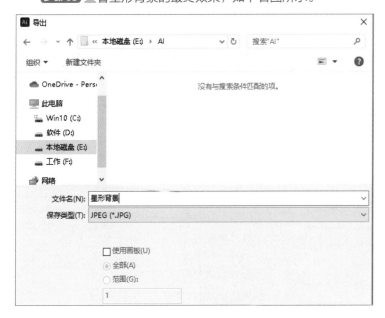 

2.3 绘制线段和网格

在Illustrator中，使用直线段工具和弧形工具绘制任意的直线和弧线，对其进行编辑和变形后，可以得到更复杂的图形对象。使用网格工具可以帮助用户轻松绘制矩形网格和极坐标网格。使用矩形网格工具可以创建具有指定大小和指定分隔线数目的矩形网格。使用极坐标网格工具可以创建具有指定大小和指定分隔线数目的同心圆。

2.3.1 直线段工具

直线段工具用于绘制直线段。选择直线段工具，在画布上拖拽光标绘制直线。按住Shift键，可以绘制垂直、水平或以45°角为增量的直线，如下左图所示。按住Alt键，可以绘制以单击点向两侧延伸的直线。用户也可以使用直线段工具在画板上单击，在弹出的"直线段工具选项"对话框中设置直线段的长度及角度，如下右图所示。

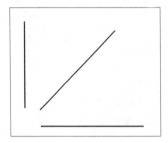

2.3.2 弧形工具

弧形工具用于创建弧形和曲线形状。选择弧线工具，在画布上拖拽光标绘制曲线路径。在绘制过程中，按X键可以改变弧线弯曲方向，如下左图所示。按C键可以在闭合路径与开放式图形之间来回切换，如下中图所示。按Shift键可以使弧形保持固定角度进行缩放，如下右图所示。

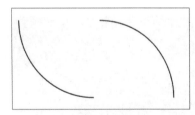
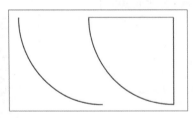
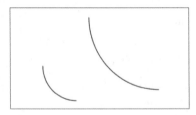

绘制过程中使用"↑"键、"↓"键、"←"键、"→"键可以调整弧线的曲率，也可以通过在"弧线段工具选项"对话框中设置参数来创建更精确的弧线，如下图所示。

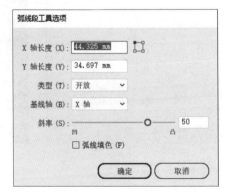

"弧线段工具选项"对话框中各主要参数的使用方法和效果介绍如下。

- **X轴长度/Y轴长度：**设置弧线的长度和高度。
- **参考点定位器**：单击空心方块，可以设置绘制弧线时的参考点。参考点定位在左上角的弧线效果
  如下左图所示。参考点定位在右上角的弧线效果如下右图所示。

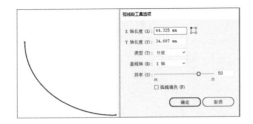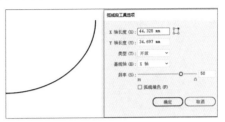

- **类型：**选择下拉列表中的"开放"选项，可创建开放式弧线，如下左图所示。选择下拉列表中的
  "闭合"选项，可创建闭合式弧线，如下右图所示。

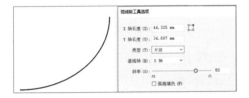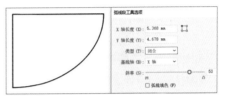

- **基线轴：**选择下拉列表中的"X轴"选项，可以沿水平方向绘制，如下左图所示。选择下拉列表中
  的"Y轴"选项，则沿垂直方向绘制，如下右图所示。

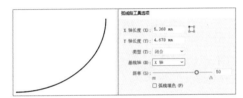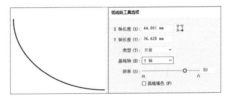

- **斜率：**用来指定弧线的斜率方向，可通过输入数值或拖拽滑块的方法进行调整。斜率设置为50时，
  效果如下左图所示。斜率设置为20时，效果如下右图所示。

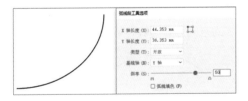

- **弧线填色：**勾选该复选框后，用当前的填充颜色为弧线围合的区域填色，效果如下图所示。

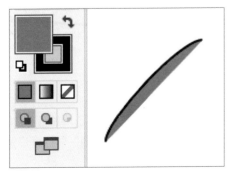

2.3.3 螺旋线工具

螺旋线工具可以创建螺旋线图案。选择螺旋线工具，在画布上拖拽光标绘制螺旋线，如下左图所示。拖拽过程中，移动光标可以旋转螺旋线，按R键可以调整螺旋线方向，按Ctrl键可以调整螺旋线的紧密程度，按"↑"键或"↓"键可以增加或减少螺旋。用户也可以通过"螺旋线"对话框设置参数，以创建更精确的螺旋线，如下右图所示。

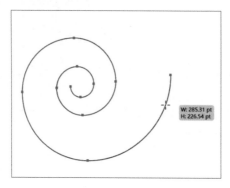 

"螺旋线"对话框中各主要参数的功能和设置效果介绍如下。

● **半径**：设置从中心点到螺旋线最外点的距离，如下左图所示。

● **衰减**：设置螺旋线的每一螺旋相对于上一螺旋应减少的量。

● **段数**：设置螺旋线具有的线段数，每一完整螺旋由四条线段组成，如下右图所示。

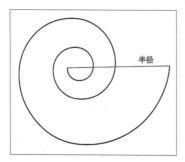 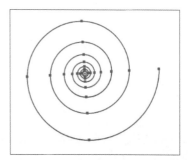

● **样式**：设置螺旋线的方向。选择逆时针环绕选项，可以设置螺旋线的方向为逆时针，效果如下左图所示。选择顺时针环绕选项，可以设置螺旋线的方向为顺时针，效果如下右图所示。

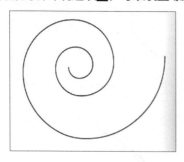 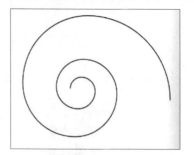

2.3.4 矩形网格工具

矩形网格工具用于绘制正方形或长方形网格。选择矩形网格工具，在画布上拖拽光标来绘制矩形网格，如下页左图所示。用户也可以通过"矩形网格工具选项"对话框设置参数，以创建更精确的网格线，如下页右图所示。

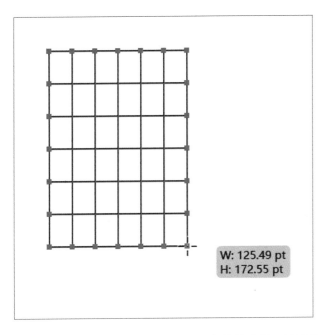

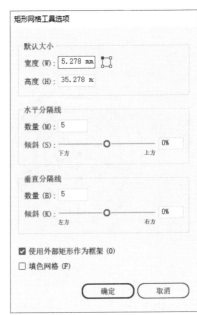

"矩形网格工具选项"对话框中各主要参数的功能和设置效果介绍如下。

- **默认大小**：设置整个网格的宽度和高度。
- **水平分隔线**：设置在网格顶部和底部之间出现的水平分隔线数量。倾斜值决定水平分隔线向网格顶部或底部倾斜的程度。
- **垂直分隔线**：设置在网格左侧和右侧之间出现的分隔线数量。倾斜值决定垂直分隔线倾向于左侧或右侧的方式。
- **使用外部矩形用作框架**：将上、下、左、右线段替换为单独的矩形对象，如下左图所示。
- **填色网格**：以当前填充颜色为网格填色，如下右图所示。

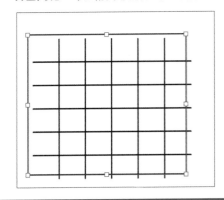

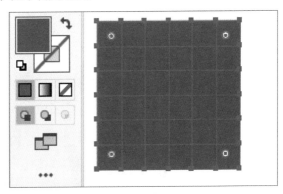

> **提示：使用矩形网格工具绘制的快捷操作**
>
> 在拖拽光标时，按"↑"键可以增加垂直分隔线数量，按"↓"键可以减少垂直分隔线数量，按"←"键可以减少水平分隔线数量，按"→"键可以增加水平分隔线数量。

2.3.5 极坐标网格工具

极坐标网格工具用于创建基于极坐标系统的网格形状。选择极坐标网格工具，在画布上拖拽光标来绘制极坐标网格，如下页左图所示。也可以通过"极坐标网格工具选项"对话框设置参数，以创建更精确的极坐标网格，如下页右图所示。

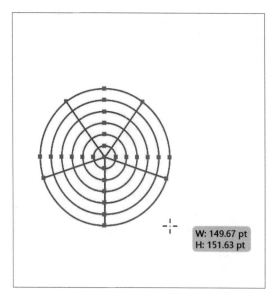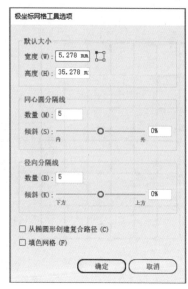

"极坐标网格工具选项"对话框中各主要参数的功能和设置效果介绍如下。

● **默认大小**：设置整个网格的宽度和高度。

● **同心圆分隔线**：设置出现在网格中的同心圆的分隔线数量。倾斜值决定同心圆分隔线倾向于网格内侧或外侧的方式。

● **径向分隔线**：设置在网格中心和外围之间出现的径向分隔线数量。倾斜值决定径向分隔线倾向于网格逆时针或顺时针的方式。

● **从椭圆形创建复合路径**：能将同心圆转换为单独的复合路径。在参数相同的情况下，勾选"从椭圆形创建复合路径"复选框后的效果如下左图所示。取消勾选"从椭圆形创建复合路径"复选框的效果如下右图所示。

● **填色网格**：勾选该复选框，则用当前填充颜色为网格填色。

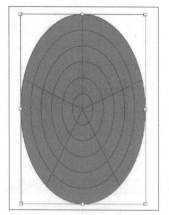

2.4 编辑对象

Illustrator提供了强大的对象编辑功能，其中包括一些基本操作，如对象的选取与移动等。此外，用户还可以同时对多个对象执行命令，也可以将多个对象进行编组，或将一个对象组扩展为多个对象。这些功能在设计过程中为用户提供了极大的便利。

2.4.1 对象的选择

Illustrator提供了多种对象选择工具，如选择工具、直接选择工具、编组选择工具、魔棒工具、套索工具等，用户使用这些工具可以快速对单个或多个对象进行编辑。在编辑对象之前，需要将要编辑的对象与其他对象区分。下面是对部分选择工具的介绍。

（1）选择工具

使用选择工具选择对象可让用户对单个对象、多个对象、对象组进行选择、移动和调整大小等操作。选择选择工具▶或按下快捷键V，当光标变为▶时，单击对象即可将其选中，如下左图所示。选中后按住鼠标并拖拽，即可移动对象，如下右图所示。

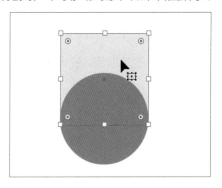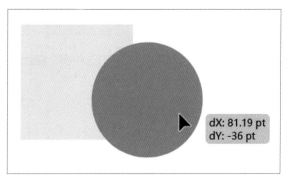

使用选择工具选中对象，会出现边界框，如下左图所示。使用光标拖拽所选对象边界框的边缘，即可改变对象的大小，如下右图所示。

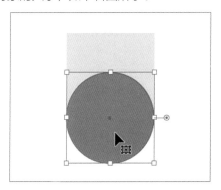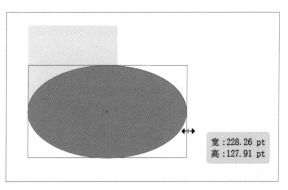

当用户需要选择多个对象，可以按住Shift键并使用光标依次单击需要选择的对象，如下左图所示。或者围绕需要选择的对象拖动光标，绘制一个选择框进行选择，如下右图所示。

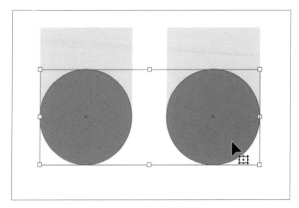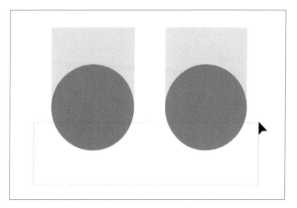

（2）直接选择工具

使用直接选择工具可让用户选择、移动、修改路径或形状中的特定锚点和路径段，以改变路径外形。选择直接选择工具 或按下快捷键A，光标变为 时单击选择对象，可以查看其锚点和路径段，如下左图所示。然后单击其中一个锚点即可将对象选中 ，如下右图所示。

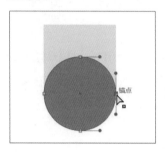

按住Shift键并使用光标单击可以同时选中多个锚点，如下左图所示。也可以同时选中多个路径段，如下右图所示。

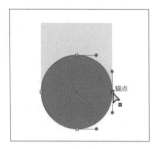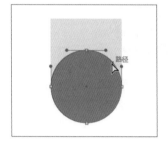

使用直接选择工具拖拽锚点更改对象形状的效果，如下左图所示。使用直接选择工具拖拽路径段更改对象形状的效果，如下右图所示。

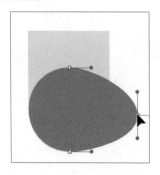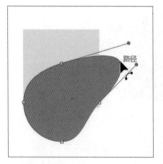

使用直接选择工具单击锚点（或路径段）即可出现手柄，如下左图所示。使用光标拖拽手柄，即可更改对象形状，效果如下右图所示。

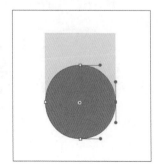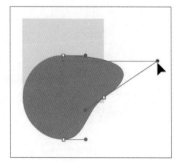

（3）编组选择工具

编组选择工具允许用户直接选择和编辑组内的单个对象，而无须取消编组。选择编组选择工具，光标变为时单击组中的对象，可将其选定，如下左图所示。再次单击，即可选择组，如下中图所示。再次单击，即可选择层次结构中的较大组，如下右图所示。每多单击一次，就会选择层次结构中较大级别的所有对象。

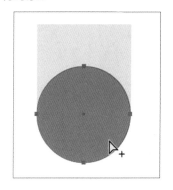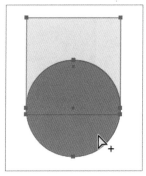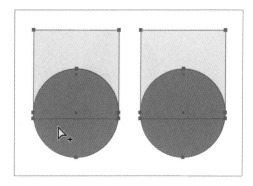

（4）魔棒工具

使用魔棒工具可以选择具有类似外观属性（颜色、描边粗细、描边颜色、不透明度、混合模式等）的对象。选择工具栏中的魔棒工具或按下快捷键Y，光标变为时，使用魔棒工具单击对象，可选中所有具有类似属性的对象，如下左图所示。双击工具栏中的魔棒工具图标，即可打开"魔棒"面板，用户可以在面板中自定义属性，如填充颜色、描边颜色、描边粗细、不透明度、混合模式等，如下右图所示。

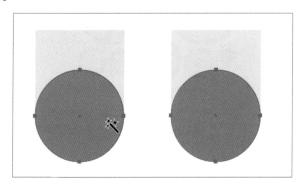

按住Shift键，当光标变为形状，可同时选择多个具有类似属性的对象，如下左图所示。若要从选区移除对象，在按住Alt键（光标变为）的同时，使用光标单击需要移除的对象，具有类似属性的对象也会被移除，如下右图所示。

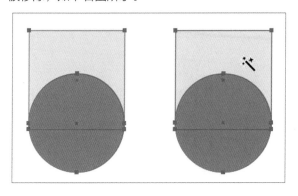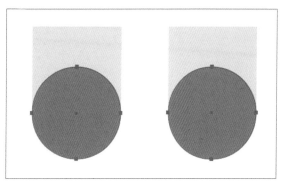

"魔棒工具"对话框中各主要参数的功能和设置效果介绍如下。

- **填充颜色**：在"魔棒"对话框中勾选"填充颜色"复选框，右侧的容差值决定了选中对象之间填充颜色的相似程度，容差值越小，选中对象的范围越小，如下左图所示。容差值越大，选中对象的范围越大，如下右图所示。

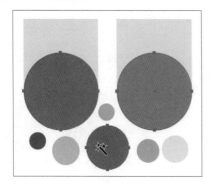 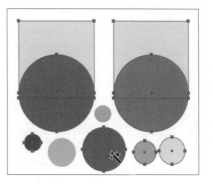

- **描边颜色**：在"魔棒"对话框中勾选"描边颜色"复选框，右侧的容差值决定了选中对象之间描边颜色的相似程度，容差值越小，选中对象的范围越小，如下左图所示。容差值越大，选中对象的范围越大，如下右图所示。

勾选"描边粗细"复选框与"不透明度"复选框后，调节容差后的效果和勾选"填充颜色"复选框与"描边颜色"复选框的效果类似。

- **混合模式**：在"魔棒"对话框中勾选"混合模式"复选框，可选择具有相同混合模式的对象。

（5）套索工具

用户可以通过使用套索工具选择对象、锚点或路径段。单击工具栏中的套索工具或者使用快捷键Q，当光标变为时，使用光标围绕整个对象或对象的一部分进行拖拽，如下左图所示。选取所需区域后松开光标，即可选中对象、锚点或路径段，如下右图所示。

 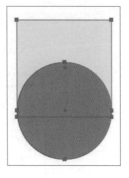

（6）"图层"面板

执行"窗口>图层"命令，即可弹出"图层"面板，如下左图所示。单击图层的 ▶ 折叠按钮，在下拉列表中找到需要选中的对象，单击右侧 ○ 按钮，即可定位对象，如下右图所示。

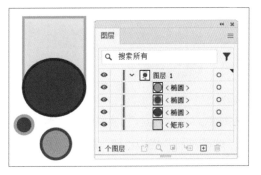

（7）"选择"命令

执行"选择"菜单中的命令，用户可以快速对画板上的对象进行基本操作，如下左图所示。 在"相同"子菜单中，可以选择具有相同属性的对象，如外观、填色和描边、不透明度等，如下中图所示。在"对象"子菜单中，可以快速选中所有文本对象、点状文字对象等，如下右图所示。

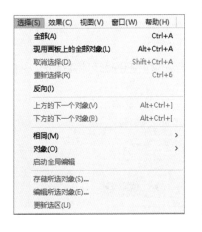

初始选中对象的效果如下左图所示。执行"选择"菜单中的"现用画板上的全部对象"命令后，效果如下中图所示。执行"选择"菜单中的"反向"命令后，效果如下右图所示。

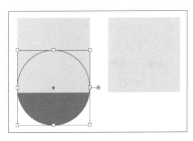
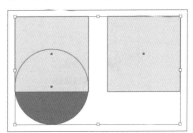
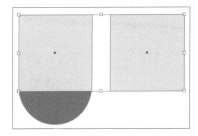

执行"选择"菜单中的"上方的下一个对象"命令后，效果如下左图所示。执行"选择"菜单中的"下方的下一个对象"命令后，效果如下右图所示。

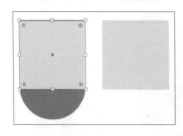 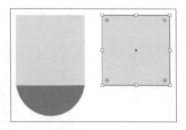

执行"选择>相同>外观"命令，效果如下左图所示。执行"选择>相同>不透明度"命令，效果如下中图所示。执行"选择>相同>描边粗细"命令，效果如下右图所示。

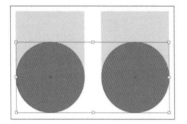 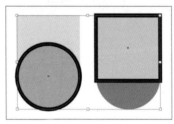 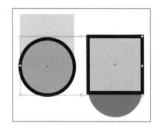

2.4.2　对象的移动

在Illustrator中，用户可以使用多种方法来移动对象，如使用选择工具、快捷键，或通过在对话框中调整数值等来移动对象。对象的移动不仅可以在图层内部发生，在图层与图层之间、文件与文件之间也可以移动对象。具体的操作方法与效果如下。

方法1：使用选择工具

使用选择工具 单击需要移动的对象，如下左图所示。按住鼠标左键并拖拽即可将其移动，如下右图所示。

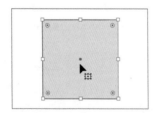 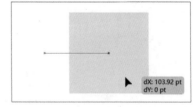

方法2：执行"粘贴"命令

选中需要移动的对象，如下左图所示。执行"编辑>剪切"命令或按Ctrl+X组合键剪切对象，如下右图所示。

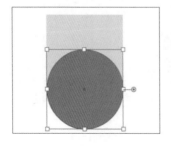

剪切后，画板上不显示该对象，如下左图所示。执行"编辑>贴在后面"命令或按Ctrl+B组合键粘贴对象，效果如下右图所示。经过上述操作，可以改变对象在图层上的堆叠顺序。

 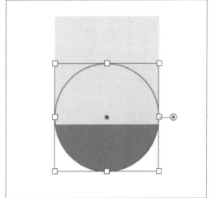

● **在文件与文件之间移动对象**：选中对象后，执行"对象>复制"命令/按Ctrl+C组合键（或执行"对象>剪切"命令/按Ctrl+X组合键），如下左图所示。在"Tab分页"中单击移动对象的目标文件，如下右图所示。

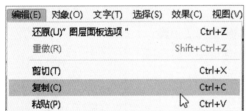

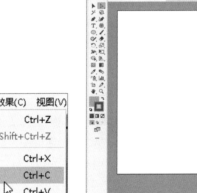

执行"编辑>粘贴"命令或按Ctrl+V组合键，如下左图所示。即可将对象移动到其他文件中，如下右图所示。

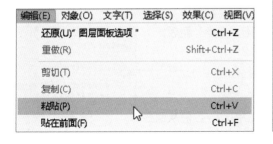

执行不同的命令，被复制或剪切对象的粘贴位置也不同，具体操作方法如下。

- **粘贴**：执行"编辑>粘贴"命令或按Ctrl+V组合键，将对象粘贴在窗口中心点的位置，如下左图所示。
- **在所有画板上粘贴**：执行"编辑>在所有画板上粘贴"命令或按Alt+Shift+Ctrl+V组合键，对象会被粘贴在当前页面的所有画板上，并相对于画板的位置不变，如下右图所示。

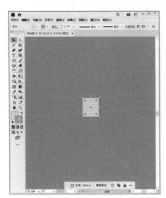 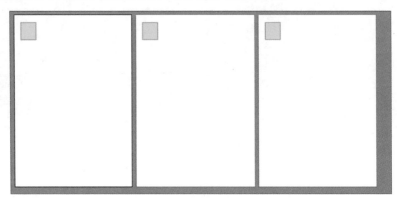

- **就地粘贴**：执行"编辑>就地粘贴"命令或按Shift+Ctrl+V组合键，对象会被粘贴在原位置，堆叠顺序为所在图层的最上方。
- **贴在前面**：执行"编辑>贴在前面"命令或按Ctrl+F组合键，对象会被粘贴在原位置，堆叠顺序为对象原位置所在图层的上方，相当于上移一层。
- **贴在后面**：执行"编辑>贴在后面"命令或按Ctrl+B组合键，对象会被粘贴在原位置，堆叠顺序为对象原位置所在图层的下方，相当于下移一层。

方法3：在"移动"对话框中调整数值

在工具栏中双击选择工具、直接选择工具、编组选择工具，都可弹出"移动"对话框，如右图所示。在"移动"对话框中，可以通过改变数值来移动对象。勾选"预览"复选框，可实时预览效果。

"移动"对话框中各主要参数的功能和设置效果介绍如下。

- **水平**：文本框中的数值从原始数值递增时，对象向左移动；数值从原始数值递减时，对象向右移动。
- **垂直**：文本框中的数值从原始数值递增时，对象向上移动；数值从原始数值递减时，对象向下移动。
- **距离、角度**："距离"文本框和"角度"的数值代表对象与X轴夹角的移动。数值从原始数值递增时，对象向顺时针方向移动；数值从原始数值递减时，对象向逆时针方向移动。

方法4：在"变换"面板中调整数值

在"窗口"下拉菜单中选择"变换"选项，即可弹出"变换"面板，如右图所示。

"变换"面板中主要参数的功能和设置效果介绍如下。

- **定位器**：用于更改参考点的位置。
- **X**：文本框中的数值从原始数值递增时，对象向左移动；数值从原始数值递减时，对象向右移动。

- **Y**：文本框中的数值从原始数值递增时，对象向上移动；数值从原始数值递减时，对象向下移动。
- **旋转**：文本框中的数值代表参考点与X轴的夹角，数值从原始数值递增时，对象以参考点为中心向顺时针方向移动；数值从原始数值递减时，对象以参考点为中心向逆时针方向移动。

2.4.3　对象的排列

在Illustrator中，用户可以使用多种方法改变对象在图层内部、图层与图层之间、文件与文件之间的堆叠顺序。具体方法如下。

方法1：执行"排列"命令

执行"对象>排列"命令，可以在"排列"子菜单中选择排列命令，如"置于顶层""前移一层""后移一层"等，如下左图所示。选中需要变换堆叠顺序的对象即可进一步操作，如下右图所示。

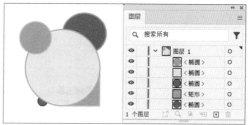

根据上右图执行"排列"子菜单中命令的效果介绍如下。

- **置于顶层/置于底层**：可以将当前对象的排列顺序变为所在图层的最顶层或最底层。选中需要变换顺序的对象，执行"对象>变换>置于顶层"命令或按Shift+Ctrl+]组合键，对象的堆叠顺序变换为所在图层的最顶层，如下左图所示。执行"对象>变换>置于底层"命令或按Shift+Ctrl+[组合键，对象的堆叠顺序变换为所在图层的最底层，如下右图所示。

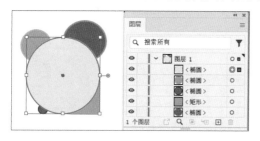
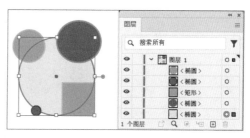

- **前移一层/后移一层**：可以将当前对象的排列顺序变为当前图层位置的上一层或下一层。选中需要变换顺序的对象，执行"对象>变换>前移一层"命令或按Ctrl+]组合键，对象的堆叠顺序前移一层，如下左图所示。执行"对象>变换>后移一层"命令或按Ctrl+[组合键，对象的堆叠顺序后移一层，如下右图所示。

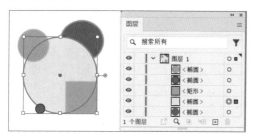
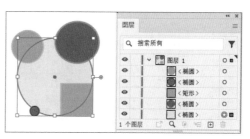

● **发送至当前图层**：可以将对象发送到其他图层。选中对象要转移的目标图层，如下左图所示。执行"对象>排列>发送至当前图层"命令，即可将对象转移到另一图层当中，图层堆叠顺序为该图层的最底层，如下右图所示。

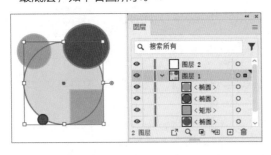 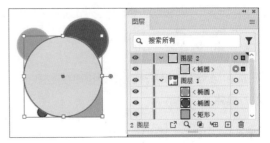

方法2：在"图层"面板中拖拽对象

在"窗口"菜单列表中选择"图层"选项或按快捷键F7，如下左图所示。即可弹出"图层"面板，如下右图所示。

单击图层左侧的▶按钮，即可查看图层下拉列表，如下左图所示。单击图层并按住鼠标左键进行拖拽，如下右图所示。

松开鼠标左键，即可改变图层堆叠顺序，效果如下左图所示。用户也可以在图层与图层之间拖拽对象，如下中图所示。在图层之间改变图层堆叠顺序的效果如下右图所示。

2.4.4　对象的对齐与分布

在Illustrator中，用户可以使用"对齐"与"分布"功能快速将单个或多个对象沿指定轴进行对齐与分布操作。在"窗口"下拉菜单中选择"对齐"选项，如下左图所示。或按Shift+F7组合键，即可弹出"对齐"面板，如下右图所示。

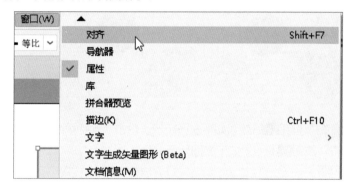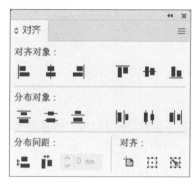

"对齐"面板中各主要功能的设置效果介绍如下。

● **对齐对象：**该选项组中有6个按钮。选中需要对齐的对象，单击"水平左对齐"按钮的效果如下左图所示。单击"水平居中对齐"按钮的效果如下中图所示。单击"水平右对齐"按钮的效果如下右图所示。

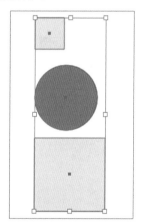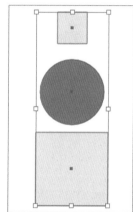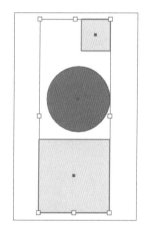

选中需要对齐的对象，单击"垂直顶对齐"按钮的效果如下左图所示。单击"垂直居中对齐"按钮的效果如下中图所示。单击"垂直底对齐"按钮的效果如下右图所示。

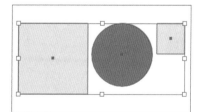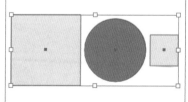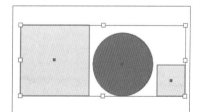

提示：执行"对齐"命令时，所选对象以什么为基准进行对齐？

选中需要排列的对象后，可以再次单击选中对象来选择关键对象。在选择了关键对象的情况下，所有的排列命令以该对象为主体执行排列命令。如执行"水平左对齐"命令时，所有选中对象的最左侧对齐关键对象的最左侧。在不选择关键对象的情况下，执行"水平左对齐"命令时，选中对象的最左侧与位于左侧图形的最左侧对齐。

- **分布对象**：该选项组中有6个按钮。选中需要对齐的对象，单击"垂直顶分布"按钮 的效果如下左图所示。单击"垂直居中分布"按钮 的效果如下中图所示。单击"垂直底分布"按钮 的效果如下右图所示。

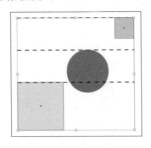 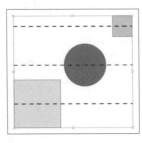 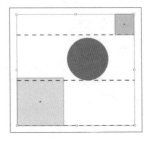

选中需要对齐的对象，单击"水平左分布"按钮 的效果如下左图所示。单击"水平居中分布"按钮 的效果如下中图所示。单击"水平右分布"按钮 的效果如下右图所示。

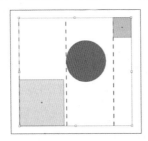 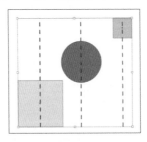 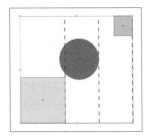

- **分布间距**：该选项组中有两个按钮，分别为垂直分布间距 和水平分布间距 。使用该功能之前，可以指定一个关键对象。选中需要分布的多个对象，如下左图所示。单击某个选定对象，即可将该对象设置为关键对象，如下右图所示。

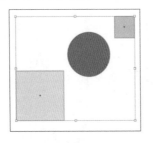 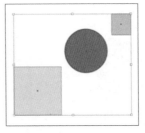

在分布间距文本框中输入数值，单击分布按钮，即可将所选对象按照间距进行分布。设置间距为50pt，单击"垂直分布间距"按钮的效果如下左图所示。设置间距为50pt，单击"水平分布间距"按钮的效果如下右图所示。

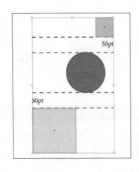 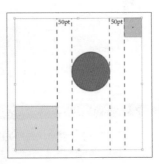

- **对齐**：该选项组中有3个按钮，分别为对齐画板 、对齐所选对象 、对齐关键对象 。

2.4.5 对象的编组与扩展

在Illustrator中，用户可以将多个对象或多个组合进行编组。编组不改变对象的属性，只改变对象的所属范围与组合关系，取消编组后，依旧可以对单一对象执行任意操作。使用对象的扩展功能，可以修改对象的一部分属性，为用户灵活运用软件提供了相当大的便利。

（1）编组

编组功能可以将多个图形组合。选中需要编组的对象，执行"对象>编组"命令或按Ctrl+G组合键，即可将所选对象组合，如下左图所示。单击组内的任何一个对象，即可选中整个组，如下右图所示。多个组合进行编组时，保留原有组合。

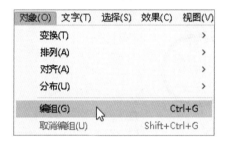 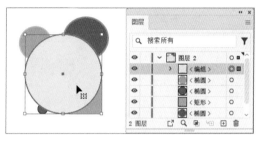

选中不同图层上需要组合的对象，如下左图所示。执行"对象>编组"命令后，组合在所选对象所在图层的最底层，如下中图所示。多个组合进行编组时，保留原有组合，如下右图所示。

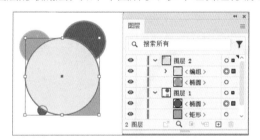  

执行"对象>取消编组"命令或按Shift+Ctrl+G组合键，即可取消组合的对象。多个组合编组后取消编组，原有组合依旧存在。

（2）扩展

使用扩展功能可以将单个对象扩展为若干对象，用户可以更改对象的外观属性，如填充或描边等。单击需要扩展的对象，执行"对象>扩展"命令或使用快捷键X，如下左图所示。在弹出的"扩展"对话框中勾选"填充"与"描边"复选框，如下中图所示。选择直接选择工具，单击并拖拽扩展对象描边，此时的描边由路径扩展为图形，如下右图所示。

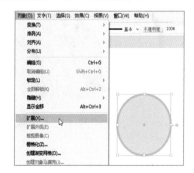  

知识延伸：使用路径查找器快速创建特殊形状

在绘制图形时，有些图形无法通过形状工具直接绘制，就可以使用"形状生成器"面板中的多个命令来实现简便、快捷地绘制图形。

使用椭圆工具绘制一个填充颜色为粉红色、无描边的正圆，如下左图所示。使用椭圆工具，绘制一个无填充、描边大小为7pt、描边颜色为深红色的正圆，如下右图所示。

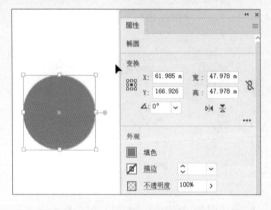 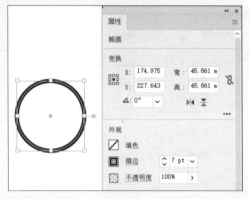

执行"对象>扩展"命令，在弹出的"扩展"对话框中勾选"描边"复选框，如下左图所示。单击"确定"按钮，无填充、有描边的正圆变为圆环，如下右图所示。

 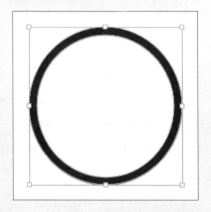

单击深红色圆环，使用Ctrl+C组合键复制圆环后，使用Ctrl+V组合键粘贴该圆环，如下左图所示。使用选择工具，将两个深红色圆环拖拽到粉红色正圆的上方，如下右图所示。

在"窗口"下拉菜单中选择"路径查找器"选项，打开"路径查找器"面板，如下左图所示。选中圆环与正圆，单击"路径查找器"面板中的"分割"按钮，如下右图所示。

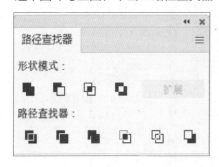
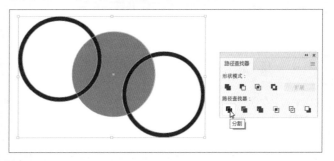

所选对象会按照路径进行切割，切割后的图形形成了一个新的编组，如下左图所示。执行"对象>取消编组"命令后，使用移动工具将深红色部分移出，如下右图所示。

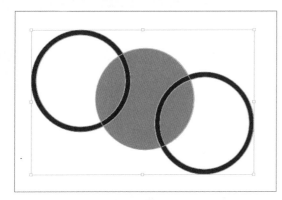
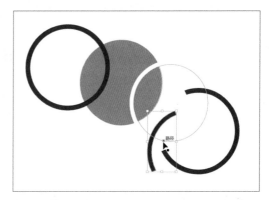

使用路径查找器快速创建特殊图形的最终效果如右图所示。

上机实训：制作咖啡海报

通过本章的学习，相信用户已经熟悉了基本的制图工具。接下来我们将制作一款咖啡海报，需要通过渐变工具、钢笔工具、矩形工具、椭圆工具、直线段工具的运用，使画面鲜活，再配上文字工具的使用，使海报整体效果和谐、丰富、自然。

扫码看视频

步骤 01 打开Illustrator 2024软件，执行"文件>新建"命令，新建一张宽度为210mm、高度为279mm、方向为竖向的画板，如下页左图所示。

步骤 02 选择左侧工具栏中的矩形工具，框选一个画板大小的矩形。在"渐变"面板中选择"褪色的天空"渐变，设置类型为径向渐变，然后设置渐变效果，如下页右图所示。

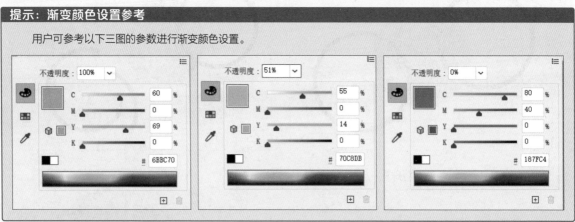

提示：渐变颜色设置参考

用户可参考以下三图的参数进行渐变颜色设置。

步骤 04 使用矩形工具绘制一个大小合适的矩形，设置描边后将放在画板中，如下左图所示。

步骤 05 接着使用选择工具选中矩形，选择自由变换工具（快捷键E）中的透视扭曲工具，单击矩形下方的一个锚点，向内收缩至合适的位置，如下右图所示。

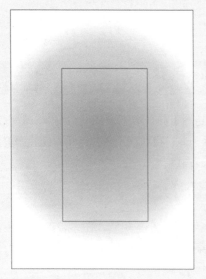

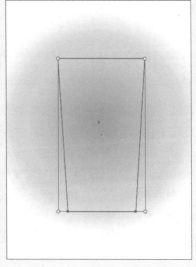

步骤06 按下快捷键Ctrl+2锁定背景。选择直线段工具，按住Shift键为矩形绘制两条直线段，如下左图所示。

步骤07 接着框选线段和梯形，用形状生成器工具把图形分为三份，按Delete键删除外侧多余线段，如下右图所示。

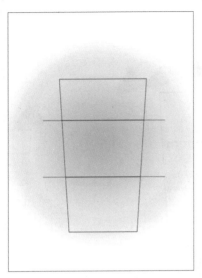
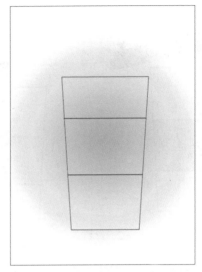

步骤08 框选整体梯形，在上方属性面板中设置"描边"为2pt。选中中间梯形并填充绿色（C=60、M=0、Y=69、K=0），将上下梯形填充为白色，单击鼠标右键，执行编组操作，效果如下左图所示。

步骤09 使用矩形工具绘制两个矩形，设置合适的圆角角度。然后用矩形工具绘制正方形，使用自由变换工具变换为梯形，再将这三个图形组合成杯盖并编组、旋转，放在合适的位置，效果如下右图所示。

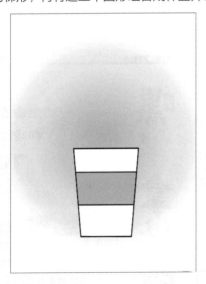
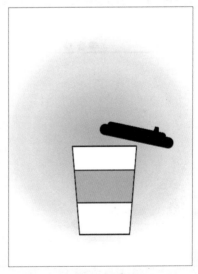

步骤10 然后绘制卡通图形的腿和脚。用矩形工具绘制一个填充为白色、黑色描边、描边粗细为2的矩形，然后按Shift+Alt组合键将其复制，将两个矩形放在合适的位置。右击并执行"对象>排列>置于底层"命令，结合使用矩形工具和椭圆工具组成脚图形并填充黑色，最后将其放在合适的位置，效果如下页左图所示。

步骤11 接下来绘制手和手臂。首先绘制一个填充为白色、黑色描边、粗细为2的矩形，选中矩形并将其拉到最大，然后执行"变换>对称"命令进行复制，然后用椭圆工具绘制手图形并填充白色，将描边设置为黑色、粗细为2，放在合适的位置，效果如下中图所示。

步骤12 再绘制调制杯。选择椭圆工具，先按住Shift键绘制一个正圆，再绘制一个椭圆，将两个图形组合成调制杯形状。使用矩形工具绘制杯把，将描边设置为黑色、粗细设置为5，然后添加圆头端点。用钢笔工具绘制液体的流动状态，将其填充为黑色。最后为卡通形象添加表情，效果如下右图所示。

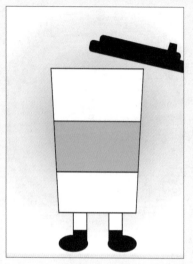

步骤13 使用直线段工具在画板上方绘制一条直线，设置描边粗细为2。使用钢笔工具绘制咖啡豆，绘制完成后按Alt键复制两个。接着绘制圆角矩形，将其放在卡通形象的脚下，使画面排版自然。效果如下左图所示。

步骤14 使用直排文字工具输入所需的文本，并设置相应的文本格式。在"生命在于运动 咖啡必须手冲"文字下方添加两个矩形并填充白色。最终效果如下右图所示。

课后练习

一、选择题

（1）在Illustrator提供的三种绘图模式中，（　　　）允许用户在所选对象的底层绘制图形。

　　A. 正常绘图模式　　　　　　　　　　　　B. 背面绘图模式

　　C. 内部绘图模式　　　　　　　　　　　　D. 外部绘图模式

（2）使用（　　　）可让用户选择、移动或修改路径和形状中的特定锚点和路径段，以改变路径的外形。

　　A. 直接选择工具　　　　　　　　　　　　B. 选择工具

　　C. 极坐标网格工具　　　　　　　　　　　D. 路径查找器

（3）（多选题）在Illustrator中，使用形状工具可以轻松、精确地创建基本形状。Illustrator中常用的简单基本图形有（　　　）。

　　A. 矩形　　　　　　　　　　　　　　　　B. 圆形

　　C. 星形　　　　　　　　　　　　　　　　D. 多边形

二、填空题

（1）使用魔棒工具，用户可以选择具有类似外观属性的对象，例如＿＿＿＿＿＿＿、＿＿＿＿＿＿＿、＿＿＿＿＿＿＿、＿＿＿＿＿＿＿ 或 ＿＿＿＿＿＿＿等。

（2）在星形工具的对话框中，"半径1"指＿＿＿＿＿＿＿，"半径2"指＿＿＿＿＿＿＿，"角点数"指＿＿＿＿＿＿＿。

（3）在Illustrator 的"对齐"面板中，"对齐对象"选项组中有6个对齐按钮，分别为＿＿＿＿＿＿＿、＿＿＿＿＿＿＿、＿＿＿＿＿＿＿、＿＿＿＿＿＿＿、＿＿＿＿＿＿＿、＿＿＿＿＿＿＿。

三、上机题

　　学习了Illustrator的基本图形绘制工具的应用后，用户可以根据自己的创意来设计简单的图形徽标。绘制简约图形徽标的效果如下两图所示。供参考。

操作提示

① 使用钢笔工具绘制形状。

② 使用椭圆工具结合Shift键绘制圆形。

③ 执行"对象>路径>偏移路径"命令，偏移路径。

④ 使用路径查找器和路径生成器，制作出不同的形状。

Ai 第3章　图形的编辑

本章概述

在Illustrator中绘制图形后，用户可以对图形进行编辑，如对象的变换、变形以及混合等。本章主要介绍旋转工具、比例缩放工具和封套扭曲工具等的应用。

核心知识点

① 了解路径和锚点的应用
② 掌握路径和锚点的编辑操作
③ 掌握对象的变换和变形
④ 掌握对象的混合操作

3.1　路径和锚点概述

在Illustrator中绘制的矢量图形的基本组成元素是路径和锚点，掌握路径和锚点的应用对于编辑图形是非常重要的。

3.1.1　初识路径和锚点

路径是使用绘图工具绘制的直线或曲线段，使用路径可以勾勒出物体的轮廓。路径可以是开放的，如下左图所示。也可以是闭合的，如下右图中选中的路径。Illustrator软件中的绘图工具都可以创建路径，如矩形工具、多边形工具、椭圆工具、星形工具、钢笔工具、铅笔工具和画笔工具等。

锚点是路径的基本元素，每条线段的两端均有锚点。使用直接选择工具可以选中锚点并拖拽来调整线段的形状，如下左图所示。曲线上的锚点还包含方向线和方向点，与曲线相切的直线为方向线，方向线两边的点为方向点，如下右图所示。

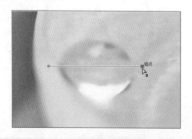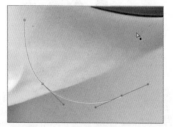

提示：路径与锚点的编辑工具

Illustrator提供了一组编辑路径和调整锚点的工具，分别为矩形工具、多边形工具、椭圆工具、星形工具、钢笔工具、弯曲工具、铅笔工具和画笔工具等，常用的创建复杂形状的工具有钢笔工具、弯曲工具、铅笔工具和画笔工具等。弯曲工具能够轻松创建并编辑曲线和直线，钢笔工具使用锚点和手柄精确创建路径，铅笔工具和画笔工具能够使用多种样式绘制路径。

锚点分为平滑点和角点两种类型，平滑的曲线由平滑点连接，如下左图所示。角点连接直线和转角曲线，如下右图所示。

3.1.2 方向线和方向点

绘制曲线时，选择锚点会显示方向线和方向点，在文档中绘制一条曲线的效果如下左图所示。使用直接选择工具选中方向点并进行拖拽，可以改变同方向曲线的大小，还可以改变曲线的形状，如下右图所示。

方向线的长度决定曲线的弧度，当方向线变短，曲线的弧度会变小；当方向线变长，曲线的弧度会变大。拖动方向点并旋转时，方向线以锚点为中心进行旋转，并更改曲线的形状。

用户可以使用锚点工具移动平滑点和方向点，只调整同方向曲线弧度和形状的效果，如下左图所示。若对角点的方向线进行移动，无论是使用直接选择工具还是锚点工具，都只能更改同方向曲线，如下右图所示。

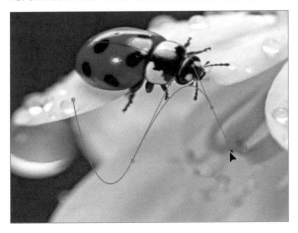 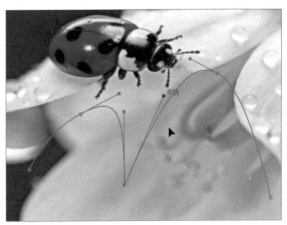

3.2　编辑路径和锚点

创建路径后，用户可以进一步对其进行编辑。上一节中介绍了直接选择工具可以拖拽锚点来改变路径，本节将介绍如何对路径和锚点进行编辑操作。

3.2.1　连接路径

使用"连接"命令可以将开放的路径闭合。打开文档，使用钢笔工具绘制一个开放的曲线，如下左图所示。选中绘制的曲线，执行"对象>路径>连接"命令或者按Ctrl+J组合键，即可将路径连接，效果如下右图所示。

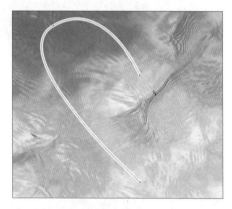 

3.2.2　轮廓化描边

在Illustrator中执行"对象>轮廓化描边"命令，如下图所示。在其子菜单中选择相应的命令，可以将路径独立出来，也可以填充对象。

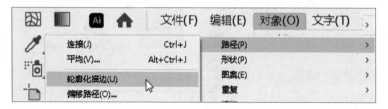

接下来在画面中绘制心形并填充描边和颜色。选中该对象，如下左图所示。然后执行"对象>路径>轮廓化描边"命令，单击鼠标右键，将对象取消编组。拖动描边，可见描边被分离出来了，如下右图所示。

3.2.3 偏移路径

使用"偏移路径"命令可以将路径扩大或缩小。选中路径，然后执行"对象>路径>偏移路径"命令，打开"偏移路径"对话框并设置相关参数后，单击"确定"按钮，如下左图所示。返回文档中，会发现选中的路径向外扩大了。然后为扩大的路径填充白色以突出效果，如下右图所示。

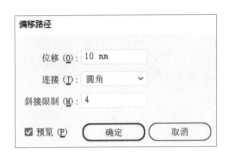

下面介绍"偏移路径"对话框中主要参数的含义。

- **位移**：设置偏移后的路径离原路径的距离。该值为正时，路径向外扩展，如下左图所示。该值为负时，路径向内收缩。

- **连接**：设置拐角处的连接方式。单击右侧的下三角按钮，下拉列表中包括"斜接""圆角"和"斜角"三个选项。选择"斜角"选项的效果如下右图所示。

3.2.4 简化路径

执行"简化"命令可以减少路径和路径形状中锚点的数量，从而减小文件大小并提高性能。要应用"简化"命令，首先选择所需的路径或对象，如下左图所示。然后执行"对象>路径>简化"命令，如下右图所示。

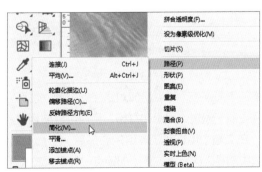

打开"简化"对话框，设置"简化曲线"的值为75%，单击"确定"按钮，如下左图所示。可见选中路径上的锚点有所减少，效果如下右图所示。

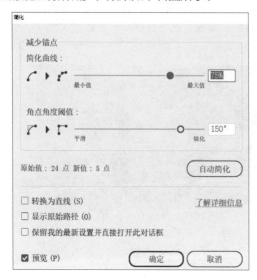

下面介绍"简化"对话框中各主要选项的含义。

- **简化曲线**：设置简化后的路径和原路径的相似程度。该值越高，简化后路径与原路径越相似；该值越低，简化的程度越大。
- **角点角度阈值**：设置角的平滑度。下左图为"角点角度阈值"的值为50°的效果，路径上的各角比原路径平滑。
- **转换为直线**：勾选该复选框，在选中路径的锚点之间用直线连接，如下右图所示。
- **显示原始路径**：勾选该复选框，在简化路径后显示原始路径。

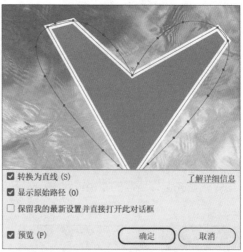

3.2.5　添加锚点

为路径添加锚点，可以增加对路径的控制，也可以扩展开放路径。但不要添加过多锚点，拥有较少锚点的路径更易于编辑、显示和打印。用户可以使用"添加锚点"命令或选择添加锚点工具为选中的路径添加锚点。在文档中用钢笔工具绘制心形后，心形上的锚点清晰可见，如下页左图所示。选择添加锚点工具，在选中路径上的任意位置添加锚点，如下页右图所示。

 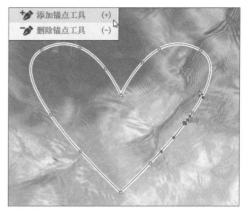

3.2.6　将路径分割为网格

使用"分割为网格"命令可以将封闭路径的对象转换为网格。选中需要分割为网格的路径，如下左图所示。执行"对象>路径>分割为网格"命令，打开"分割为网格"对话框，分别在"行"和"列"区域设置"数量"值，如下右图所示。

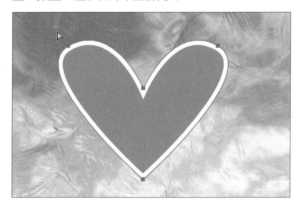 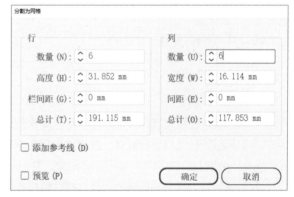

设置完成后单击"确定"按钮，将选中的路径转换为网格对象，如下左图所示。用户可以对网格进行填充，并且每个网格都是一个独立对象，可以任意进行移动或删除操作，如下右图所示。

 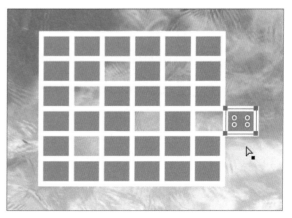

3.3 变换对象

变换对象就是对画面中的对象进行移动、旋转、镜像、等比例缩放、倾斜和整形等操作，用户可以通过执行相应的命令或选择工具栏中的工具实现上述操作。

3.3.1 移动对象

如果需要将对象移动至大概位置，可以使用选择工具进行移动。打开文档，选择工具栏中的选择工具，然后将光标移至需要移动的对象上，按住鼠标左键将其拖拽至合适位置后释放鼠标即可，如下左图所示。选中需要移动的对象后，按键盘上的方向键也可移动对象。

如果需要精确移动对象，可以执行菜单栏中的"对象>变换>移动"命令或按Shift+Ctrl+M组合键，打开"移动"对话框，精确设置移动对象的位置、距离和角度等参数，如下右图所示。

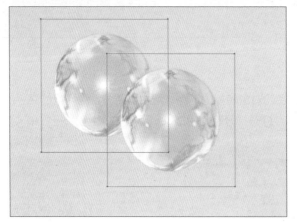

3.3.2 旋转对象

对象的旋转和移动操作类似，用户可以精确旋转对象也可以非精确旋转。进行非精确旋转时，可以使用选择工具或旋转工具进行旋转。选择对象后，选择选择工具，将光标移至选中对象的任意控制点，光标变为↻时，按住鼠标左键拖拽即可旋转对象，并且在光标右侧会显示旋转的角度，如下左图所示。

或选择旋转工具，光标变为⊞时，按住鼠标左键即可旋转对象，在光标右侧会显示旋转角度，如下右图所示。

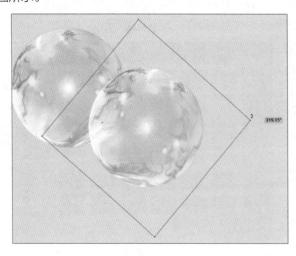
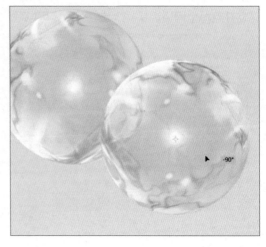

要想精确旋转对象，则首先选中对象，执行"对象>变换>旋转"命令，打开"旋转"对话框，如下左图所示。在"角度"数值框中输入相应的数值，单击"确定"按钮即可旋转对象。单击"复制"按钮，可复制并旋转对象，效果如下右图所示

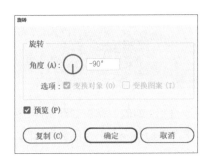
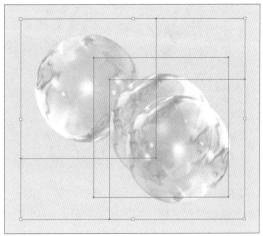

3.3.3 镜像对象

镜像对象是将选中的对象在水平或垂直方向进行翻转。镜像对象操作可以通过"镜像"对话框实现，打开该对话框的方法有两种，第一种是执行"对象>变换>镜像"命令；第二种是双击工具栏中的镜像工具按钮。

打开Illustrator软件，然后选中需要镜像的对象，打开"镜像"对话框，选中"垂直"单选按钮后，单击"复制"按钮，如下左图所示。为了突出此次镜像的效果，将镜像后的对象移至和原对象水平对齐，对比效果如下右图所示。

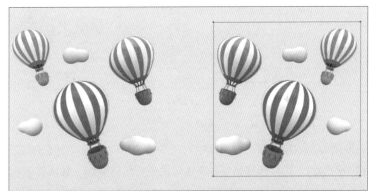

> **提示：镜像工具的使用技巧**
>
> 选择镜像工具后，在画板中单击，确定镜像轴上的第一个点，然后再次单击，确定镜像轴上的第二个点，选中的对象将基于两点之间的轴进行翻转。
>
> 选择镜像工具后，在画板任意处单击并拖拽即可自由镜像对象，按住Shift键并拖拽鼠标，可限制旋转的角度为35度的倍数。

3.3.4 比例缩放对象

使用比例缩放工具可随时对Illustrator中的图形进行按比例缩放。用户不但可以在水平或垂直方向放大和缩小对象，还可以同时在两个方向上对对象进行整体缩放。其操作方法与旋转工具类似，即选择要缩

放的对象，执行"对象>变换>缩放"命令或选中工具箱中的比例缩放工具，即可缩小或放大对象。原始图像如下左图所示。缩小后的效果如下右图所示。

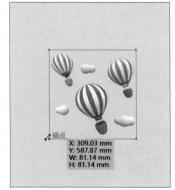

要对选中对象进行精确缩放，则先选中对象，执行"对象>变换>缩放"命令或双击比例缩放工具按钮，打开"比例缩放"对话框，如下左图所示。选中"等比"单选按钮并设置其比例值为50%，单击"确定"按钮，缩放前后的对比效果如下右图所示。

3.3.5 倾斜对象

使用倾斜对象工具可以将选中对象向各个方向倾斜。使用选择工具选中对象，如下左图所示。选择工具栏中的倾斜工具，拖拽鼠标对选中对象进行倾斜操作，效果如下右图所示。

用户也可以通过在"倾斜"对话框中调整相关参数进行倾斜操作。选中对象，执行"对象>变换>倾斜"命令或双击倾斜工具按钮，即可打开"倾斜"对话框，设置各项参数后单击"确定"按钮即可，如下图所示。

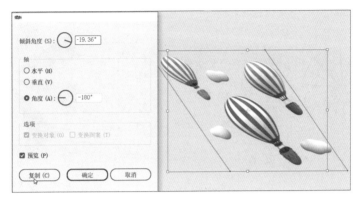

实战练习 制作糖果效果字体

在本案例中，先使用旋转工具对直线进行固定角度的旋转，再使用之后会学习的混合工具制作出糖果效果字体。具体操作步骤如下。

步骤01 首先创建一个空白文档并设置其参数，如下左图所示。

步骤02 绘制一条直线，然后双击旋转工具，打开"旋转"对话框，设置旋转角度为20，单击"复制"按钮，如下右图所示。

步骤03 按下Ctrl+D组合键，复制上一步的操作，然后全选，再按下Ctrl+G组合键进行编组，效果如下左图所示。

步骤04 使用椭圆工具绘制一个正圆，使其与之前创建的图形居中对齐，效果如下右图所示。

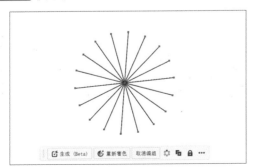
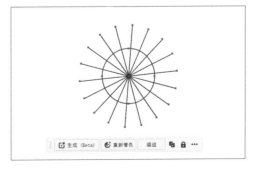

步骤 05 执行"窗口>路径查找器"命令，在打开的面板中单击"分割"按钮，如下左图所示。

步骤 06 取消编组，为分离出来的图形填色，按下Ctrl+G组合键进行编组，效果如下右图所示。

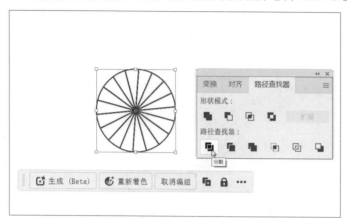
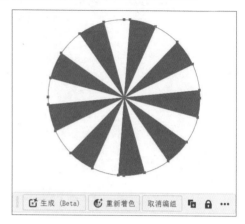

步骤 07 使用矩形工具绘制一个矩形，使用渐变工具为其填充径向渐变背景。再使用钢笔工具绘制一条"S"形状的曲线，如下左图所示。

步骤 08 复制**步骤 06**中绘制的圆形，并将原图形和复制图形分别放在"S"曲线的两端，如下中图所示。

步骤 09 选中这两个图形，双击混合工具，在弹出的对话框中设置"间距"为"指定的步数"，数值为250，单击"确定"按钮，如下右图所示。

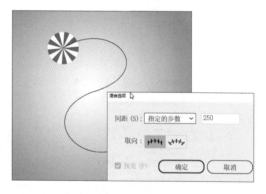

步骤 10 执行"对象>混合>建立"命令，效果如下左图所示。

步骤 11 选中混合好的形状和"S"曲线，然后执行"对象>混合>替换混合轴"命令，糖果字体便制作完成了。添加一些烘托甜蜜氛围的装饰，最终效果如下右图所示。

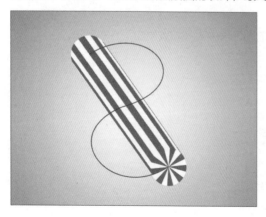

3.3.6　整形对象

　　使用整形工具可以在选中的路径上添加锚点，并拖拽锚点改变形状。使用选择工具选中路径，选择工具栏中的整形工具，将光标移至路径上并单击，即可添加锚点，如下左图所示。然后按住鼠标左键拖拽，即可更改路径的形状，效果如下右图所示。

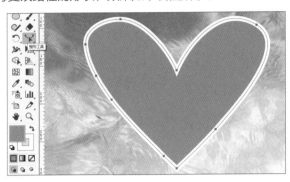

3.3.7　自由变换对象

　　使用自由变换工具可以对对象进行扭曲、透视变换和自由变换等操作。使用选择工具选中对象，选择工具栏中的自由变换工具，将光标移至对象定界框中央的控制点上，可以调整对象的长和宽，如下左图所示。当光标移至对象3个角上的控制点，可以同时调整长和宽并旋转对象，如下右图所示。

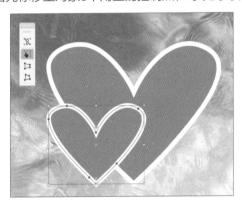

　　选中透视扭曲工具，然后选中对象边角的控制点并按住鼠标左键进行拖拽，如下左图所示。拖拽至合适位置释放鼠标，可对对象进行透视扭曲操作，效果如下右图所示。

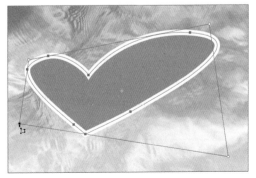

　　选择自由扭曲工具，单击选中对象右上角的控制点并向外进行拖拽，效果如下页左图所示。按住选中对象右上角的控制点，向内拖拽并按住Alt键，对角会同时向内倾斜，效果如下页右图所示。

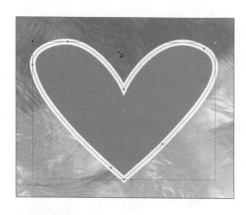

3.3.8 封套扭曲

Illustrator软件为用户提供的最具可控性的变形工具就是封套扭曲功能。封套扭曲功能提供了3种变形方法，包括"用变形建立""用网格建立"和"用顶层对象建立"。

（1）用变形建立封套扭曲

用变形建立封套扭曲时，Illustrator提供了15种预设的封套形状，用户可以直接使用。使用选择工具选中文字，执行"对象>封套扭曲>用变形建立"命令，如下左图所示。打开"变形选项"对话框，如下右图所示。

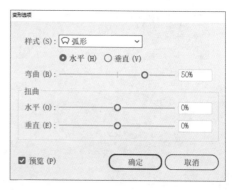

在"变形选项"对话框中单击"样式"右侧的下拉按钮，在下拉列表中选择"弧形"选项，单击"确定"按钮，变形后的效果如下图所示。

提示："变形选项"对话框中各主要参数的含义

在"变形选项"对话框中单击"样式"下拉按钮，在下拉列表中可以选择需要的变形样式。"弯曲"选项用于设置扭曲的程度，值越大，表示选中对象的扭曲程度也越大。在"扭曲"选项区域中，用户可以通过设置"水平"和"垂直"的值，创建透视扭曲的效果。

（2）网格创建封套扭曲

要用网格创建封套扭曲，则首先要在对象上创建网格，然后通过调整网格形状扭曲选中的对象。通过该方法创建出的封套扭曲随意性强，并且没有预设样式，用户可以根据需要对其进行扭曲变形。

使用选择工具选中对象，执行"对象>封套扭曲>用网格建立"命令，如下左图所示。打开"封套网格"对话框，设置网格的行数和列数均为4，单击"确定"按钮，如下右图所示。

在选中的对象上会出现4行4列的网格，选择工具栏中的直接选择工具，选中左边的任意网格并进行拖拽，从而调整对象的形状，如下左图所示。用相同的方法对其他网格进行扭曲操作，如下右图所示。

（3）用顶层对象建立封套扭曲

用顶层对象建立封套扭曲是在对象上方放置矢量图形，用该图形的基本轮廓扭曲底层对象的形状。

使用钢笔工具绘制心形，然后使用选择工具选中文字和心形，如下左图所示。执行"对象>封套扭曲>用顶层对象建立"命令，建立封套。顶层的对象会被隐藏，而底层文字会产生扭曲效果，如下右图所示。

3.4 对象的变形

　　Illustrator软件为用户提供了一组对象变形工具，包括宽度工具、变形工具、旋转扭曲工具和膨胀工具等，可以方便快速地对图形进行变形、扭曲等操作。

3.4.1 宽度工具

　　使用宽度工具可以调整路径的宽度。要使用宽度工具，首先选中矢量图形，如下左图所示。选择工具栏中的宽度工具，将光标移至对象的路径上，按住鼠标左键进行拖动，向外拖动路径变宽，向内拖动路径变窄，拖拽至合适的位置释放鼠标即可，效果如下右图所示。

3.4.2 变形工具

　　使用变形工具可以使对象沿着光标移动的方向产生变形的效果。要使用变形工具，首先选中需要变形的对象，再选择工具栏中的变形工具，在图形上按住鼠标左键进行拖拽，如下左图所示。可见选中区域会发生变化，释放鼠标即可完成变形操作，效果如下右图所示。

　　变形工具的笔尖大小可以通过"变形工具选项"对话框进行调整。双击变形工具按钮，即可打开相应的对话框，然后设置宽度、高度以及角度等参数，如下页图所示。设置完成后单击"确定"按钮即可。用户也可以按住Alt键并按住鼠标左键拖拽进行调整，或按住Shift+Alt组合键进行等比例调整。

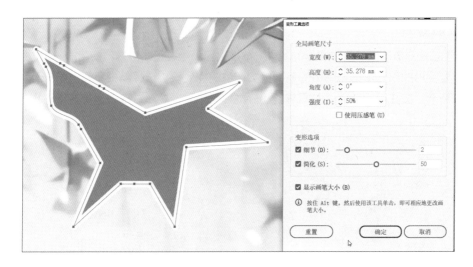

3.4.3　旋转扭曲工具

使用旋转扭曲工具可以为对象创建漩涡状的变形效果，使用该工具进行旋转扭曲时，按住鼠标左键的时间越长，产生的漩涡越多。

在工具栏中选择旋转扭曲工具，然后在图形上单击，效果如下左图所示。用户也可以拖动鼠标，使图形产生拉伸并旋转的效果，如下右图所示。

默认情况下，旋转扭曲的方向是逆时针的。要改变旋转方向，可以双击旋转扭曲工具按钮，在弹出的"旋转扭曲工具选项"对话框中设置旋转扭曲速率的值为负数，单击"确定"按钮，如下左图所示。然后进行旋转扭曲操作，会发现旋转的方向更改了，如下右图所示。

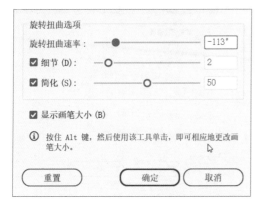

3.4.4　缩拢工具

　　缩拢工具能够使对象的形状产生收缩的效果。缩拢工具和旋转扭曲工具的使用方法相似，只要选择该工具，然后在要变形的部分单击，单击的范围就会产生缩拢效果。选择缩拢工具，将光标移至对象上单击，如下左图所示。按住鼠标左键的时间越长，缩拢程度越强，同时，按住鼠标拖动可以控制缩拢的方向，效果如下右图所示。

 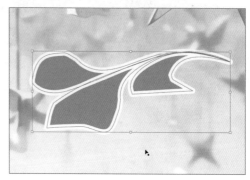

3.4.5　膨胀工具

　　膨胀工具和缩拢工具产生的效果是相反的，膨胀工具可以使对象产生膨胀的效果。

　　选择工具栏中的膨胀工具，按住Alt键滑动鼠标调整笔尖的大小，然后在图形上按住鼠标左键，如下左图所示。按住鼠标左键时间越长，膨胀效果越明显。按住鼠标左键的同时也可以拖拽，使图形产生拉伸膨胀的效果。圆形笔尖中心点在图像外侧，图像向内膨胀；笔尖中心点在图像内侧，图像向外膨胀，膨胀效果如下右图所示。

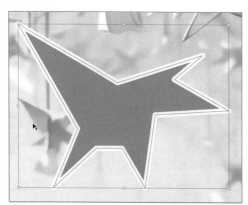 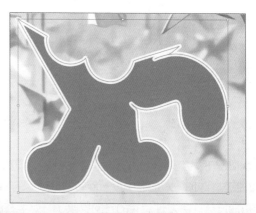

提示："宽度点数编辑"对话框

　　用户可以通过"宽度点数编辑"对话框创建或修改宽度点数。使用宽度工具双击对象笔触，可以在打开的"宽度点数编辑"对话框中编辑宽度点数的值。如果勾选"调整邻近的宽度点数"复选框，则对已选宽度点数进行的更改将影响邻近的宽度点数。

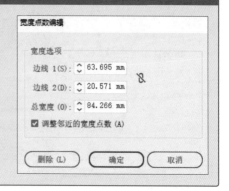

3.4.6 扇贝工具

　　使用扇贝工具可以使对象产生锯齿的效果。选择工具栏中的扇贝工具，调整笔尖大小，将光标移至圆形对象的中心点上并按住鼠标左键，如下左图所示。按住鼠标左键的时间越长，产生锯齿的效果越明显，效果如下右图所示。

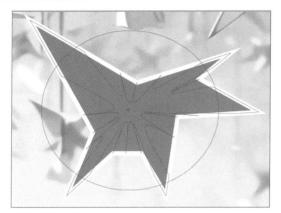

　　用户可以在"扇贝选项"对话框中设置相关参数。在对话框中只勾选"画笔影响锚点"复选框，如下左图所示。对圆形进行扇贝操作，产生的效果如下右图所示。

　　不改变对话框中的其他参数，只勾选"画笔影响内切线手柄"复选框，如下左图所示。则产生的效果如下右图所示。

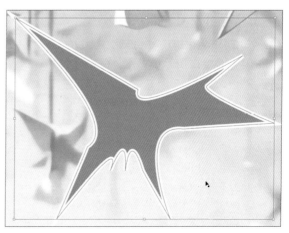

3.4.7 晶格化工具

使用晶格化工具编辑矢量对象，能产生推拉的变形效果。选择工具栏中的晶格化工具，将光标中心点移至对象路径的外侧并按住鼠标左键，下图中黄色的花心就会向内晶格化；若移至路径内，下图中的粉色花朵会向外晶格化。

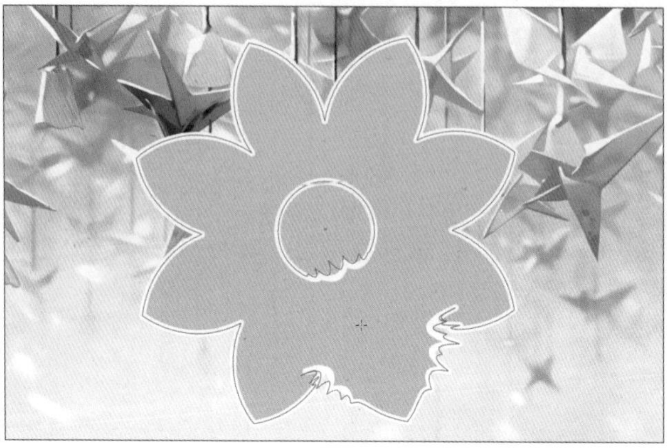

3.4.8 褶皱工具

使用褶皱工具设置路径能产生褶皱效果。选择工具栏中的褶皱工具，调整笔尖的大小后，将光标移至对象上并按住鼠标左键，如下左图所示。按住鼠标左键的时间越长，产生褶皱的效果越明显，如下右图所示。

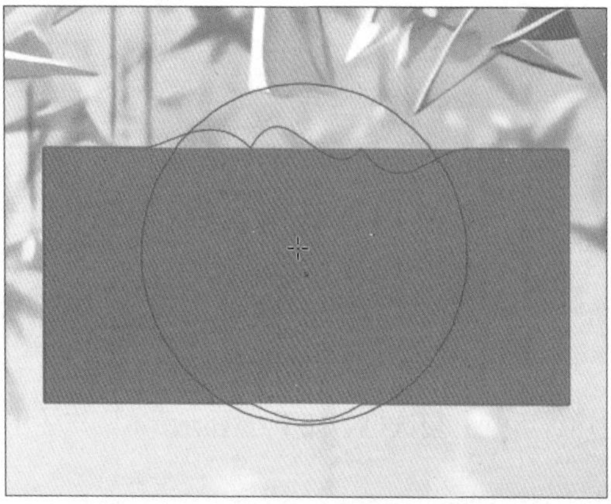

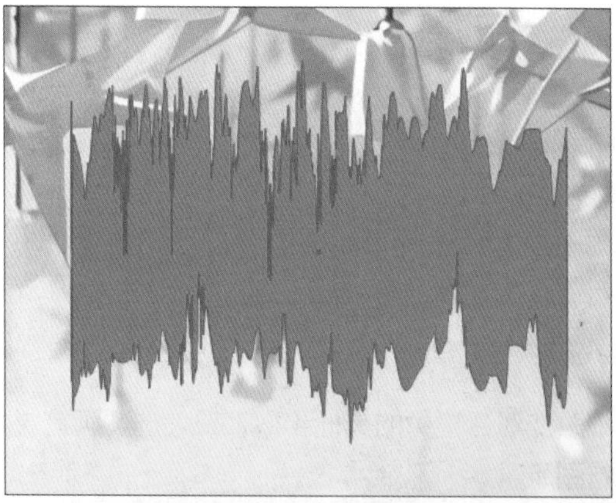

提示：褶皱工具的选项

在变形工具、缩拢工具、旋转扭曲工具、膨胀工具、扇贝工具和晶格化工具的工具选项对话框中，各选项设置和褶皱工具的类似。“褶皱工具选项”对话框的相关参数如下三图所示。

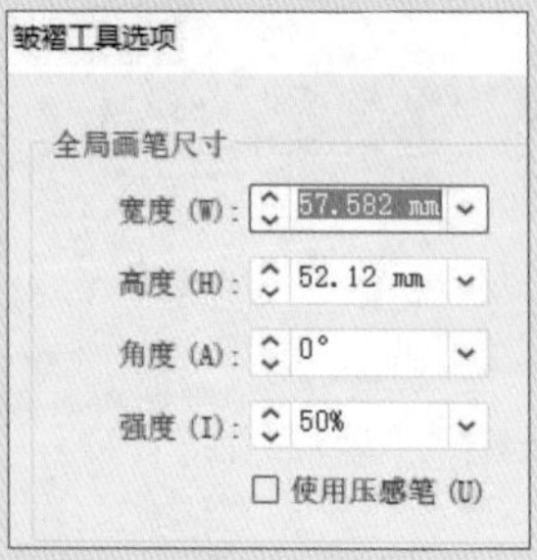
皱褶工具选项
全局画笔尺寸
宽度 (W): 57.582 mm
高度 (H): 52.12 mm
角度 (A): 0°
强度 (I): 50%
使用压感笔 (U)

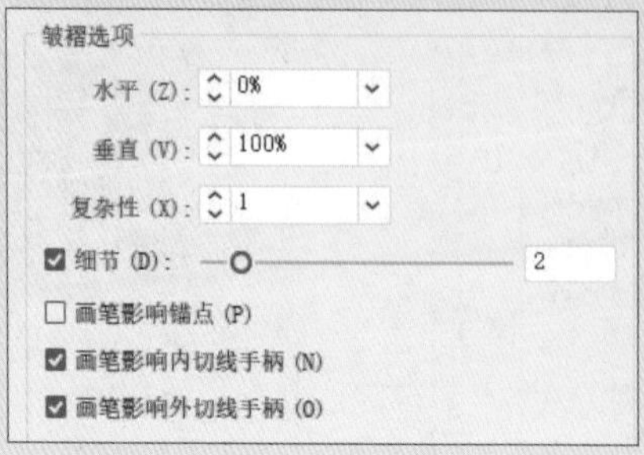
皱褶选项
水平 (Z): 0%
垂直 (V): 100%
复杂性 (X): 1
细节 (D): 2
画笔影响锚点 (P)
画笔影响内切线手柄 (N)
画笔影响外切线手柄 (O)

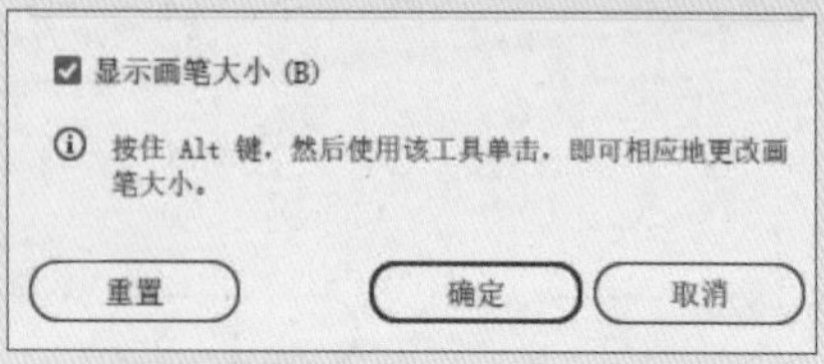
显示画笔大小 (B)
按住 Alt 键，然后使用该工具单击，即可相应地更改画笔大小。
重置
确定
取消

3.5 混合对象

在Illustrator软件中，混合对象的功能可以将两个或多个对象平均分布形状，也可以在对象之间创建平滑的颜色过渡效果。

创建混合对象之前必须选中需要混合的对象，如下左图所示。

然后选中工具栏中的混合对象工具，或者执行"对象>混合>建立"命令。在创建混合时，要在画面中依次单击选中的对象，效果如下右图所示。

实战练习 通过编辑混合对象制作弥散风海报

混合对象创建完成后，用户可根据需要对其进行编辑，如设置形状之间的距离、替换混合轴以及更改颜色等。当更改其中一个原始对象的属性，混合效果也会随之改变。下面通过制作弥散风水蜜桃的海报，来详细介绍编辑混合对象的方法。

步骤01 打开Illustrator软件，创建空白文档，然后使用矩形工具绘制一个矩形，并填充由白色到浅粉色的径向渐变，如下左图所示。

步骤02 使用钢笔工具绘制一个鹅蛋形状，如下中图所示。

步骤03 按下Ctrl+C和Ctrl+F组合键复制两个图层，按下Ctrl+Shift+Alt组合键将上方复制好的两个图层依次缩小，效果如下右图所示。

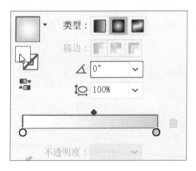  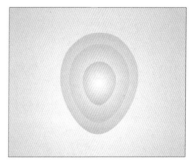

步骤04 给三个鹅蛋形状分别填充由深到浅的颜色，然后将它们都选中，执行"对象>混合>建立"命令，即可创建混合对象，如下页左图所示。

步骤05 按下Ctrl+C组合键和Ctrl+F组合键复制一层，然后选中对象，再将光标移到对象选框上的边角处并旋转对象，效果如下页右图所示。

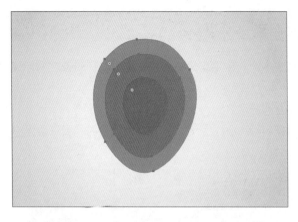 

步骤 06 使用钢笔工具绘制叶子和桃子的柄，将叶子复制一层，填充颜色后缩放到相应的位置。将叶子选中，双击混合工具并选择"间距"为"平滑颜色"，效果如下左图所示。

步骤 07 选中背景并双击渐变工具，调整渐变颜色，效果如下右图所示。

步骤 08 复制出三个桃子并变换大小，将它们置于不同的位置，然后执行"效果>SVG滤镜>高斯模糊4"命令，效果如下左图所示。

步骤 09 使用椭圆工具绘制椭圆，填充描边为白色，效果如下右图所示。

步骤 10 使用文字工具添加装饰文字，海报的最终效果如下页图所示。

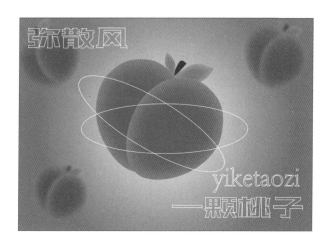

 ## 知识延伸：路径查找器

在Illustrator中，"路径查找器"是常用的面板之一，在该面板中用户可以通过不同的运算将多个图形组合为复杂的图形。

打开素材文件，选中两个形状，如下左图所示。执行"窗口>路径查找器"命令或按Shift+Ctrl+F9组合键，打开"路径查找器"面板，如下右图所示。

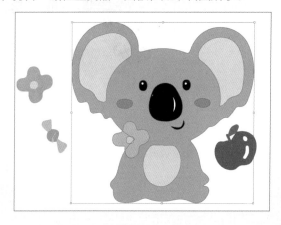

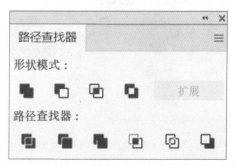

下面对"路径查找器"面板中的各个按钮进行介绍。

- **联集**：单击该按钮，能将选中的多个形状合并为一个大形状，合并后重叠的部分会合并在一起，最前面对象的填充颜色决定合并后形状的颜色，效果如右图所示。
- **减去顶层**：用最后面的形状减去前面所有形状，并保留后面形状的填充和描边，如下页左图所示。
- **差集**：保留形状的非重叠部分，重叠部分为透明，并保留最前面形状的填充，如下页右图所示。

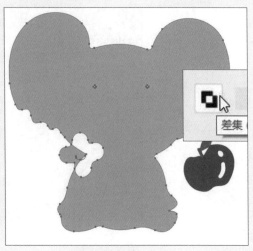

● **分割**：对形状重叠区域进行分割，分割后会自动编组。将其取消组合后，各部分以独立形状存在，可以填充不同颜色，如下左图所示。

● **修边**：能删除填充对象的被隐藏部分，还可以删除所有描边。修边后要取消组合来查看效果，如下右图所示。

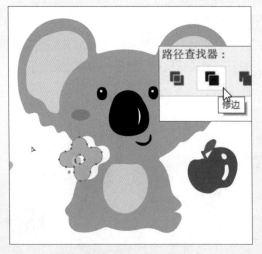

● **轮廓**：将对象分割为组件线段或边缘，如下图所示。

上机实训：制作艺术小熊图案

通过本章内容的学习，相信用户已经掌握图形编辑的相关知识，下面将以封套扭曲功能为要点，制作艺术小熊矢量图案。本案例涉及的知识点比较多，如美工刀工具、矩形工具、文字工具、建立封套扭曲、使用图像描摹功能和简化路径等，下面介绍具体操作步骤。

扫码看视频

步骤 01 首先创建一个空白文档，具体参数设置如下左图所示。

步骤 02 拖入一张卡通图片并嵌入，选择图像描摹下拉列表里的"低保真度照片"选项，如下右图所示。

步骤 03 图像描摹结束后，扩展图像并右击，取消编组，效果如下左图所示。

步骤 04 按下Delete键删除背景，全选对象并按下Ctrl+G组合键，为图层编组。按Alt键拖动并复制一个小熊，如下右图所示。

步骤 05 在"窗口"菜单中调出"路径查找器"面板。选中小熊，在"路径查找器"面板中先单击"分割"按钮，再单击"联集"按钮，将得到小熊剪影，如右图所示。

步骤 06 执行"对象>路径>简化"命令，将小熊剪影的轮廓线条简化，然后复制一层备用，效果如下左图所示。

步骤 07 降低小熊剪影的不透明度到44%后，将小熊剪影和小熊图层对齐居中，效果如下中图所示。

步骤 08 选中小熊剪影图层，使用美工刀将小熊剪影裁成8个单独的板块，效果如下右图所示。

 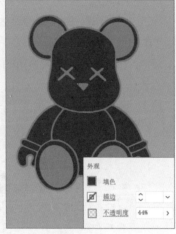 

步骤 09 选择文字工具，输入英文文字并按住Alt键拖动复制8个。全选小熊剪影，按下Ctrl+Shift+}组合键将剪影置于顶层，如下左图所示。

步骤 10 选中小熊脸部和第一行文字，执行"对象>封套扭曲>用顶层对象建立"命令，效果如下右图所示。

步骤 11 选中其他行的文字，依次执行 步骤 10 中的操作，效果如下左图所示。

步骤 12 使用矩形工具，在白色画板上创建一个矩形，如下右图所示。

步骤13 将文字小熊拖到画板中间位置，按下Ctrl+Shift+]组合键将其置于顶层，如下左图所示。

步骤14 按下Ctrl+G组合键将文字小熊编组，如下右图所示。

步骤15 拖入备用的小熊剪影，将卡其色调整为白色，效果如下左图所示。

步骤16 选中白色剪影和文字小熊，使用对齐工具让它们居中对齐，效果如下右图所示。

步骤17 拖入英文文字素材，将黑色文字改为白色并置于小熊上方，最终效果如下图所示。

课后练习

一、选择题

（1）在Illustrator中，选中形状并打开"偏移路径"对话框，将"位移"设置为负数时，选中的路径将（　　）扩展。

　　A. 向内　　　　　　　　B. 向左　　　　　　　　C. 向右　　　　　　　　D. 向外

（2）要对路径进行变形，可以在工具箱中选择变形工具，也可按（　　）组合键。

　　A. Ctrl+R　　　　　　　B. Shift+F　　　　　　　C. Shift+F　　　　　　　D. Ctrl+F

（3）在Illustrator中对图形进行镜像操作，要打开"镜像"对话框设置角度，用户可以双击工具箱中的镜像工具按钮，或执行（　　）命令来打开该对话框。

　　A."对象>变换>对称"　　　　　　　　　　　B."对象>变换>对称"

　　C."对像>变换>镜像"　　　　　　　　　　　D."对象>形状>镜像"

（4）在Illustrator软件中创建混合对象时，可以单击工具箱中的混合工具按钮，也可以按（　　）组合键选择混合工具。

　　A. Shift+Ctrl+B　　　　B. Shift+Ctrl+F　　　　C. Alt+Ctrl+B　　　　D. Alt+Ctrl+F

二、填空题

（1）在Illustrator中，如果需要将对象的描边路径独立出来，可执行_____命令。独立描边后可对其进行填充等操作。

（2）要使用封套扭曲对对象进行扭曲变形，Illustrator软件为用户提供了3种方式，分别为_____、_____和_____。

（3）使用扇贝工具时，按_____键并拖动鼠标左键，可以调整笔尖的大小和形状。

（4）创建混合对象后，若需要按指定的路径进行混合，可以先绘制路径，选中路径和混合对象，然后执行_____命令。

三、上机题

　　通过本章内容的学习，相信用户已经掌握了相关知识，接下来将制作圆形封套扭曲字体效果。先绘制圆形封套形状，如下左图所示。然后进行相关设置，效果如下右图所示。

操作提示

① 使用椭圆工具绘制椭圆。

② 使用文字工具分别输入三行文字。

③ 在"颜色"面板中设置颜色为桃红。

④ 使用美工刀工具，将圆形裁剪为3块。

⑤ 分别选中文字和裁剪后的圆形中的一块，通过执行"对象>封套扭曲>用顶层对象建立"命令，达到最终效果。

[Ai] 第4章 填充上色

本章概述

对图形对象进行填充和描边是在Illustrator中经常用到的操作。对图形进行填充，可以填充纯色、渐变色、图案，还可以进行实时上色。熟练掌握填充和描边的操作方法可以大大提高工作的效率。

核心知识点

❶ 掌握设置填充和描边的方法
❷ 熟悉颜色模式并掌握编辑颜色的方法
❸ 掌握实时上色的方法
❹ 掌握创建渐变网格的方法

4.1 填充和描边

Illustrator中矢量图形的颜色设置包括两部分，即填充和描边。图形创建完成后，用户为其填充颜色或图案等，可使图形更加美观。

4.1.1 填充和描边的概念

用户在学习为创建的矢量图形上色之前，首先要对填充和描边进行简单的了解。填充主要是为图形内部添加颜色，而描边是为图形的轮廓设置颜色，下面分别介绍两者的概念和用法。

（1）填充

执行"窗口>色板"命令，可以打开"色板"面板。"色板"面板主要用于存储颜色，也能存储渐变色、图案等。存储在"色板"面板中的颜色、渐变色、图案均以正方形，即色板的形式显示。在"色板"面板中，可以应用、创建、编辑和删除色板。在"色板"面板中可以直接更改色板显示状态，单击"显示缩览图视图"按钮后的效果如下左图所示。单击"显示列表视图"按钮后的效果如下右图所示。

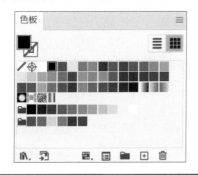

> **提示："色板"面板底部按钮的作用**
>
> "色板"面板底部包含几个功能按钮。"色板库"按钮用于显示色板库扩展菜单，"显示色板类型"按钮用于显示色板类型菜单，"色板选项"按钮用于显示色板选项对话框，"新建颜色组"按钮用于新建颜色组，"新建色板"按钮用于新建和复制色板，"删除色板"按钮用于删除当前选择的色板。

填充是指在矢量图形内部填充纯色、渐变色或图案。除了为图形填充，还可以为开放的路径或文字进行填充。下页左图为纯色填充的效果，下页中图为渐变颜色填充的效果，下页右图为图案填充的效果。

（2）描边

在Illustrator中，用户不仅可以对选定对象的描边进行颜色和图案填充，还可以设置其他属性，如描边的粗细、描边端点形状，或使用虚线描边等。

执行"窗口>描边"命令或按Ctrl+F10组合键，可以打开"描边"面板，如右图所示。"描边"面板提供了对描边属性的控制选项，其中包括描边线的粗细、斜接限制、对齐描边及虚线等设置。

下面介绍"描边"面板中各参数的功能和使用效果。

- **"粗细"数值框**：用于设置描边的宽度。可以通过在数值框中输入数值或者单击微调按钮调整，每单击一次，数值以1为单位递增或递减；也可以单击后面的下拉按钮，从弹出的下拉列表中直接选择所需要的宽度值。
- **"端点"**：3个不同的按钮表示3种不同的端点，分别是平头端点、圆头端点和方头端点。
- **"边角"**：3个按钮用于表示不同的拐角连接状态，分别为斜接连接、圆角连接和斜角连接。使用不同的连接方式能得到不同的连接结果，当拐角连接状态设置为"斜接连接"时，"限制"数值框中的数值是可以调整的，用来设置斜接的角度。当拐角连接状态设置为"圆角连接"或"斜角连接"时，"限制"数值框呈现灰色，为不可设定项。
- **"对齐描边"**：3个按钮分别表示"使描边居中对齐""使描边内侧对齐"和"使描边外侧对齐"，可以设置路径上描边的位置。
- **"虚线"**：是Illustrator中很有特色的一项功能。在"描边"面板中勾选"虚线"复选框，在其下方会显示6个文本框，可以在其中输入相应的数值。数值不同，所得到的虚线效果也不同，再应用不同粗细的线及线端的形状，就可以产生各种各样的效果。

4.1.2 设置填充和描边

在Illustrator中设置填充和描边的方法有很多，如在"颜色"面板或"色板"面板中设置，或者使用吸管工具设置等。

（1）通过"色板"面板设置纯色色板和色板组

用户可以通过工具栏切换图形填充或描边，然后设置颜色和渐变，还可以通过"颜色"或"色板"等面板进行设置。下面介绍具体操作步骤。

步骤 01 打开Illustrator软件，执行"窗口>色板"命令，打开"色板"面板，如下左图所示。

步骤 02 单击"新建色板"按钮，弹出"新建色板"对话框，如下中图所示。

步骤 03 在"新建色板"对话框的"色板名称"文本框中输入"淡粉色"，设置颜色为C=0、M=35、Y=0、K=0，然后单击"确定"按钮，如下右图所示。设置好的色板会添加到"色板"面板中。

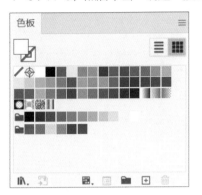 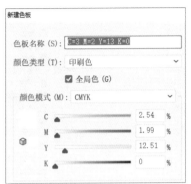 

步骤 04 打开一幅图形文档，使用选择工具选中图形，如下左图所示。

步骤 05 在打开的"色板"面板中单击"新建颜色组"按钮，在弹出的对话框中输入"名称"为"低饱和色系"，如下右图所示。

 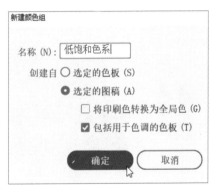

步骤 06 单击"确定"按钮会出现色板组，如下图所示。

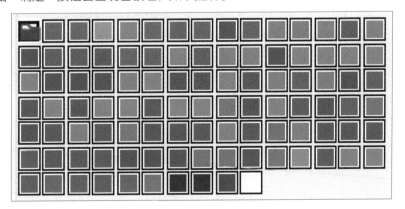

（2）使用吸管工具填充和描边

使用吸管工具可以吸取对象的填充、描边和各种外观属性。双击工具栏中的吸管工具按钮，在打开的"吸管选项"对话框中可以设置使用吸管取样的属性，如透明度、填色、描边、字符和段落等，如下页图所示。

使用选择工具选择需要填充和描边的对象，然后选择吸管工具。光标变为吸管形状时，将其移至需要取样的对象上，如下左图所示。单击鼠标左键，即可拾取该图形的填充和描边并应用至所选对象上，效果如下右图所示。

提示：在控制面板中设置填充和描边

　　也可以在控制面板中设置填充和描边。使用选择工具选择图形，在控制栏中单击填色或描边右侧的下三角按钮，在打开的列表中选择合适的颜色即可，如下两图所示。

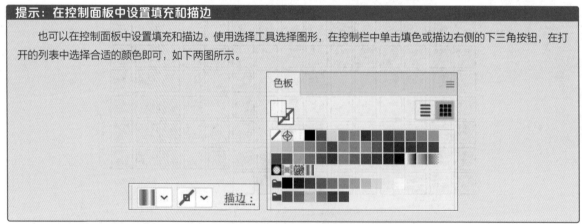

（3）**互换填色与描边**

　　互换填色与描边是指将对象的填色和描边属性相互调换。首先选择对象，如下页左图所示。单击工具栏中的"互换填色和描边"按钮，然后可见选中的对象互换了填色和描边，效果如下页右图所示。

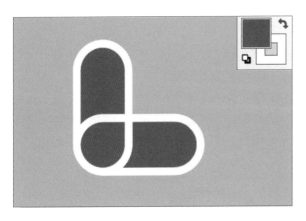 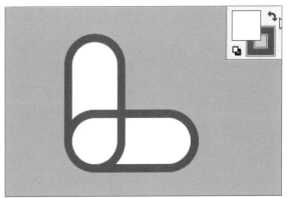

4.2 选择并编辑颜色

在Illustrator中，用户可以根据图稿的要求选择颜色。该软件提供了多种选择颜色的方法，如通过工具、面板和对话框等。用户还可以在"编辑>编辑颜色"的下拉菜单中选择相应的命令，来对图形的颜色进行编辑。

为图稿选择颜色是Illustrator软件中的重要操作，在选择颜色之前，我们先来了解颜色模型和颜色模式的相关知识。

在"拾色器"对话框中，可以看到基于RGB、CMYK或HSB等颜色模式的指定颜色。双击工具栏下方的"填充"或"描边"图标，可以打开"拾色器"对话框，在左侧的主颜色框中单击鼠标左键可选取颜色，选中的颜色会显示在右上方的颜色方框内，同时右侧文本框的数值也会随之改变。用户可以通过在右侧颜色文本框中输入数值，或拖动主颜色框右侧色谱的颜色滑块来改变颜色框主色调，如下左图所示。

单击"拾色器"对话框中的"颜色面板"按钮，会显示"颜色色板"的相关选项，单击任意色板即可设置填充或描边颜色。单击"颜色模型"按钮，可返回选择颜色的状态，如下右图所示。

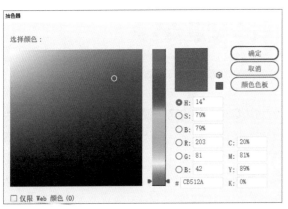 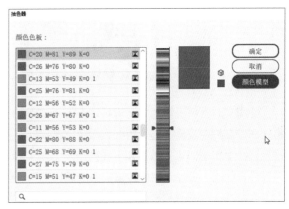

4.3 实时上色

实时上色是一种为图形填色的特殊方法，不仅可以为独立对象填色，也可以为对象交叉的区域填色，还可以为描边填色。实时上色的每条路径都保持完全可编辑的特点，若移动或调整路径形状，之前应用的颜色会自动填充调整后的区域。

4.3.1 创建实时上色组

若使用实时上色工具为对象的表面或轮廓上色，首先必须创建实时上色组。打开Illustrator软件，绘制图形并选中，然后执行"对象>实时上色>建立"命令，即可创建实时上色组。

创建实时上色组后，可以上色的部分为对象的表面和边缘。边缘是指路径和其他路径交叉后处于交点之间的路径部分，表面是指一条或多条边缘组成的区域。选择实时上色工具，选择合适的填充颜色，将光标移至需要上色的区域并单击，即可为对象填充颜色。下左图为创建的实时上色组，下右图为表面和边缘实时上色后的效果。

提示：使用实时上色工具创建实时上色组

选择图形，然后在工具箱中选择实时上色工具，即可给选中的图形创建实时上色组。

创建实时上色组后，使用直接选择工具移动路径，可以自动将颜色应用于移动路径后所创建的新区域中，并且上色后的边缘也随之变化，如下两图所示。

使用实时上色工具对表面进行填充的操作很简单，若对边缘进行填充可以使用以下两种方法。第一种是先在控制栏中设置描边的粗细和颜色，选择实时上色工具，按住Shift键，当光标变为画笔形状时，将其移至路径上单击即可，效果如下左图所示。第二种方法是使用实时上色选择工具选择路径，选中的路径变为虚线形状时，在控制栏中设置描边的属性即可，效果如下右图所示。

提示：设置颜色的方法

　　用户创建实时上色组后，可以通过"颜色""色板"和"渐变"面板设置填充的颜色，然后使用实时上色工具为对象填充颜色。

4.3.2 在实时上色组中添加路径

　　在实时上色组中可以通过添加路径创建新的表面和边缘。首先需要选中实时上色组和添加的路径，如下左图所示。然后单击控制栏中的"合并实时上色"按钮或执行"对象>实时上色>合并"命令，即可将路径添加至实时上色组，效果如下右图所示。合并后使用实时上色工具对其进行上色。

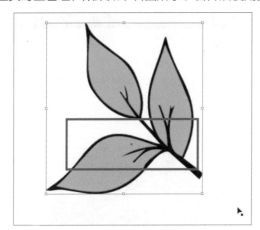

实战练习 制作彩色球效果

　　下面我们将应用创建实时上色组、使用实时上色工具以及在实时上色组中添加路径等功能制作彩色的圆，具体操作步骤如下。

步骤 01 选择椭圆工具，按住Shift键绘制圆形。双击填充工具，将其填充为蓝色，效果如下左图所示。

步骤 02 双击描边工具，设置描边颜色为橙色，使用直线工具绘制多条直线，效果如下右图所示。

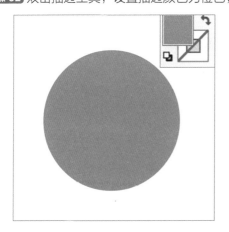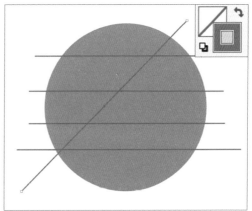

　　步骤 03 选中所有形状，执行"对象>实时上色>建立"命令，如下页左图所示。

　　步骤 04 单击实时上色工具并结合"颜色"面板，先用吸管选取颜色，再单击需要上色的位置进行填色，填充颜色后的效果如下页右图所示。

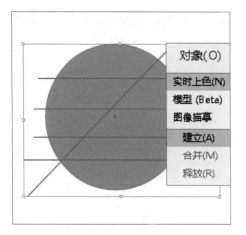 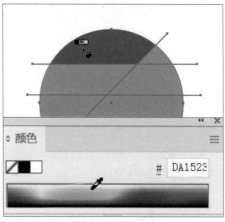

步骤 05 依照 步骤 04 ，在不同区域填充不同的颜色，效果如下左图所示。

步骤 06 在工具栏中选择实时上色选择工具，然后选择线段路径，设置描边为无填充，最终效果如下右图所示。

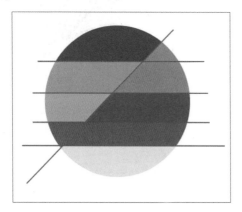 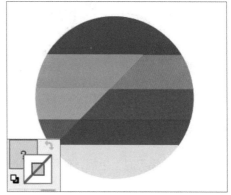

4.3.3 实时上色工具选项

在工具栏中双击实时上色工具按钮，可以打开"实时上色工具选项"对话框，如下左图所示。双击实时上色选择工具按钮，即可打开"实时上色选择选项"对话框，如下右图所示。"实时上色工具选项"对话框中包括"实时上色选择选项"对话框中的选项。

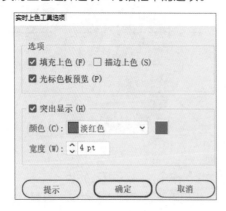 

下面介绍"实时上色工具选项"对话框中各主要选项的功能和设置效果。

● **填充上色**：勾选该复选框，可为对象的表面进行实时上色。

- **描边上色**：勾选该复选框，可为对象的边缘进行实时上色。
- **光标色板预览**：勾选该复选框，使用实时上色工具时，光标左上方会出现3种颜色，分别为当前颜色和其在"色板"面板中相邻的两种颜色，按下键盘上的向左和向右键即可切换，如下左图所示。"色板"面板如下右图所示。

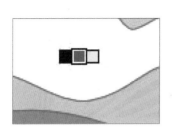 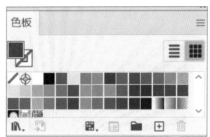

- **突出显示**：勾选该复选框后，当光标移动到实时上色组的表面或边缘时，表面或边缘的轮廓会加粗显示，如下左图所示。若取消勾选该复选框，则不显示选中区域的轮廓，如下右图所示。只有勾选"突出显示"复选框，才能激活"颜色"和"宽度"选项。

- **颜色**：用来设置需要突出显示的线的颜色，默认为红色。
- **宽度**：用来设置需要突出显示的线的粗细。

4.3.4 释放和扩展实时上色组

执行释放实时上色组命令后，选中的对象会变为无填充、轮廓为0.5pt、黑色的普通路径。选中创建实时上色组的对象，如下左图所示。执行"对象>实时上色>释放"命令，释放实时上色组后的效果如下右图所示。

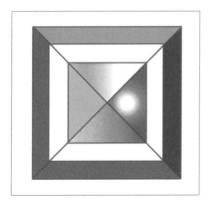 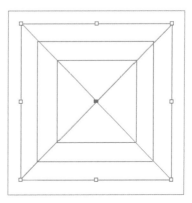

选择实时上色组，如下左图所示。执行"对象>实时上色>扩展"命令，即可将其扩展为多个图形，然后取消编组，即可对各部分进行编辑操作，效果如下右图所示。

4.4 渐变和渐变网格

Illustrator软件为用户提供了渐变填充功能，可以将两种或更多颜色进行平滑过渡，增强对象的可视效果。Illustrator软件提供了两种渐变方式，分别为线性渐变和径向渐变。

4.4.1 "渐变"面板

执行"窗口>渐变"命令或按下Ctrl+F9组合键可以打开"渐变"面板。在"渐变"面板中，可以对图形的渐变类型、颜色、角度以及透明度等参数进行设置。下左图渐变编辑条上方的菱形滑块为中点，其下方的颜色滑块称为"色标"，双击色标即可编辑颜色，效果如下右图所示。

若需要对图形对象进行渐变填充，则首先选中对象，如下左图所示。在打开的"渐变"面板中设置、编辑和添加颜色滑块的颜色，如下中图所示。图形填充渐变颜色后的效果如下右图所示。

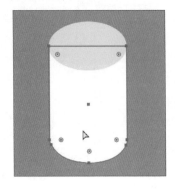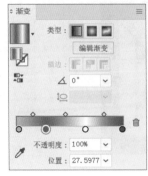

下面介绍"渐变"面板中各主要选项的功能和设置效果。

- **渐变填色缩览框**：显示当前设置的渐变颜色，单击即可应用在选择的对象上，默认为黑白渐变，效果如下左图所示。单击其右侧的下三角按钮，可以在下拉列表中选择预设的渐变，如下右图所示。

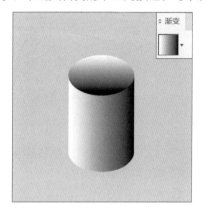

- **类型**：单击其右侧的下三角按钮，在下拉列表中可以选择渐变的类型，包括"线性"和"径向"两种，默认为"线性"。下左图为"线性"渐变类型的效果，下右图为"径向"渐变类型的效果。

- **反向渐变**：单击该按钮，能反转当前设置的渐变颜色的填充顺序。未进行反向渐变操作的效果如下左图所示。进行反向渐变操作的效果如下中图所示。
- **角度**：在数值框中输入线性渐变的角度为45°，效果如下右图所示。

- **不透明度**：选中渐变滑块，设置不透明度的值，可以使颜色呈现透明效果。
- **位置**：选中渐变滑块或中点，然后输入数值可以调整滑块或中点的位置。
- **中点**：调整中点位置可以调整图形渐变颜色的渐变过渡效果，如下页两图所示。

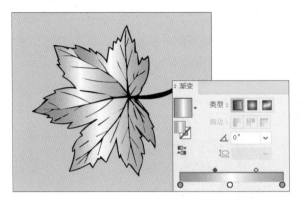
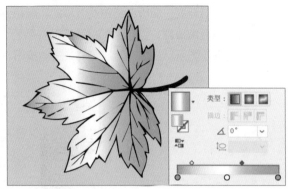

● **色标：** 双击色标，弹出"颜色"面板，使用吸管工具或拖动滑块可以调整颜色，如下左图和下中图所示。单击渐变编辑条下方的空白处可以添加色标，如下右图所示。

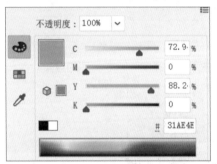

实战练习 制作三色渐变效果的枫叶

为图形对象应用渐变填充功能后，用户可以根据需要对其进行编辑操作，如更换颜色、设置渐变的位置以及方向等。接下来将应用所学知识制作三色渐变效果的枫叶，具体操作步骤如下。

步骤 01 在枫叶文档中，使用选择工具选中需要编辑的白色叶面部分，如下左图所示。

步骤 02 双击工具栏中的渐变工具，弹出"渐变"面板，单击渐变填色下拉按钮，选择预设渐变效果，如下右图所示。

步骤 03 此时叶子填充了由白到黑的渐变样式，效果如下页左图所示。

步骤 04 在"渐变"面板中，拖动渐变编辑条上的中心点位置滑块，调整渐变的中心位置，如下页右图所示。

步骤 05 叶子的渐变颜色随滑块位置的改变而改变，效果如下左图所示。

步骤 06 在"渐变"面板中，设置角度为50°，如下右图所示。

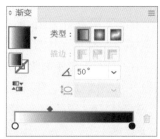

步骤 07 叶子上渐变颜色的角度会随角度数值的变化而变化，效果如下左图所示。

步骤 08 双击渐变面板中的颜色滑块，弹出的颜色面板如下右图所示。

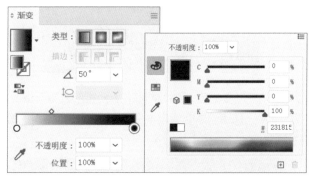

步骤 09 在弹出的颜色面板中，通过拖动滑块或选择吸管吸取的方式来调整颜色，如下左图所示。

步骤 10 至此，拥有两种颜色的渐变枫叶就制作完成了，效果如下右图所示。

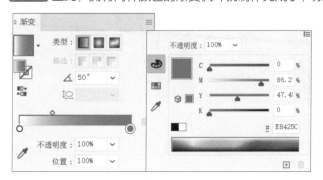

步骤 11 将光标放在渐变编辑条下方，出现加号时单击，可以添加颜色滑块。双击滑块，可以设置颜色，如下左图所示。然后在打开的下中图的"颜色"面板中进行相应的参数设置。

步骤 12 一片三种颜色的渐变枫叶就制作完成了，最终效果如下右图所示。

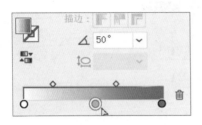
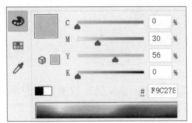

4.4.2 选择渐变工具

选择渐变工具能为图形对象添加或编辑渐变，用户可以根据需要对其进行编辑操作，如更换颜色、设置渐变的位置以及方向等。下面介绍具体的操作步骤。

步骤 01 打开Illustrator软件并选中需要编辑的对象，如下左图所示。

步骤 02 双击工具栏中的渐变工具，在"渐变"面板中为图形填充黑白渐变，如下右图所示。

步骤 03 填充渐变之后，选中的图形上会显示渐变编辑条，效果如下左图所示。

步骤 04 将光标移到渐变编辑条一端，出现旋转符号时旋转角度，渐变的颜色角度就会发生变化，效果如下右图所示。

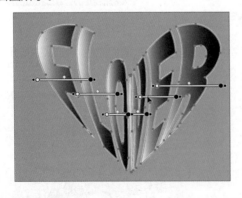
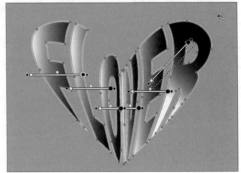

步骤 05 直接移动渐变编辑条，改变渐变的起始位置，效果如下页左图所示。

步骤 06 拖动渐变编辑条任意一端的端点，可以改变编辑条的长度及颜色渐变的程度，效果如下页右图所示。

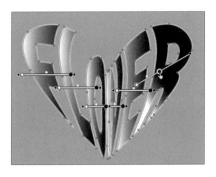 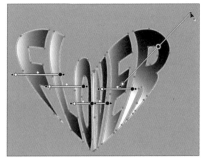

步骤 07 双击渐变编辑条的起点或中点，在弹出的颜色面板中调整颜色，如下左图所示。

步骤 08 在颜色面板中，可以通过使用吸管工具吸取颜色或输入具体数值的方法来设置颜色，如下右图所示。

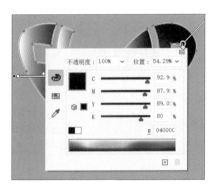 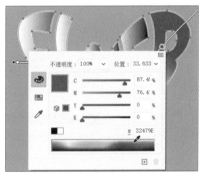

步骤 09 将光标移动到渐变编辑条上，出现加号时单击即可添加颜色滑块，以增加渐变颜色层次，效果如下左图所示。

步骤 10 参照 步骤 09 的方法给心形填充彩色渐变，效果如下右图所示。

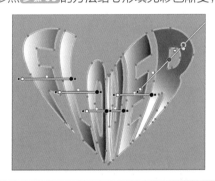 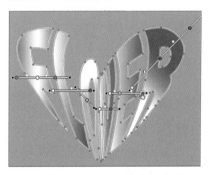

提示：编辑径向填充

　　如果对象的渐变方式为径向填充，那么编辑渐变的过程与线性方式类似，可以设置渐变原点的位置、渐变的半径和方向，还可以更改渐变的颜色，效果如右图所示。

4.4.3 使用网格工具创建渐变网格

使用网格工具可以在矢量对象上创建网格对象并形成网格。可创建单个或多个颜色，而且颜色可以向不同方向流动，在两种颜色之间形成平滑过渡。下面介绍使用网格工具创建渐变网格的方法，具体操作步骤如下。

步骤 01 打开Illustrator软件，使用星形工具创建一个星形，双击星形，设置角数为10，效果如下左图所示。

步骤 02 选择工具栏中的网格工具，将光标移至图形上方并单击，即可创建网格对象，如下右图所示。

步骤 03 打开"颜色"或"色板"面板，选择颜色，即可创建渐变网格，如下左图所示。

步骤 04 按住Shift键继续添加网格，并使用**步骤 03**中相同的方法添加渐变颜色，效果如下右图所示。

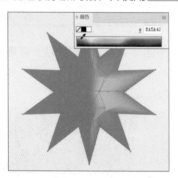 

4.4.4 使用命令创建渐变网格

在用户需要创建指定网格线数量的渐变网格时，可以使用命令创建。打开素材文件，选中图形，如下左图所示。执行"对象>创建渐变网格"命令，打开"创建渐变网格"对话框，如下中图所示。在对话框中设置渐变网格的数量以及外观，单击"确定"按钮，即可完成渐变网格的创建，效果如下右图所示。

下面介绍"创建渐变网格"对话框中各主要选项的功能和设置效果。

- **行数/列数：** 在右侧数值框中输入数值可以设置网格线的数量，范围为1～50。
- **外观：** 设置创建渐变网格后高光的表现形式，单击右侧的下三角按钮，在下拉列表中选择即可完成设置。其中的"平淡色"图形的颜色均匀分布，不产生高光；"至中心"在对象的中心创建高光，效果如下左图所示；"至边缘"在对象的边缘创建高光，效果如下右图所示。
- **高光：** 设置白色高光的强度，值为0%～100%。0%代表不将任何白色高光应用于对象，100%则是将最大的白色高光应用于对象。

提示：创建渐变网格的注意事项

　　位图图像、文本对象和复合路径上不能创建渐变网格。创建复杂的网格会使系统性能大大降低，因此最好在小且简单的图形上创建网格对象。

4.4.5　编辑渐变网格

创建渐变网格后，用户可以对其进行编辑操作，如删除、移动网格点、更改网格片面的颜色等。

（1）编辑网格点

选择矩形工具，创建一个矩形并填充颜色，如下左图所示。使用网格工具，为其创建渐变网格并设置渐变颜色，如下右图所示。

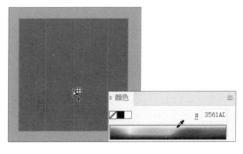

使用网格工具在图形上单击，继续创建渐变网格并设置颜色，如下左图所示。按Alt键并将光标移至网格点上，在右下方出现减号时单击，即可删除该网格点，如下右图所示。此外，使用直接选择工具或网格工具选中网格点后，按Delete键也可删除选中的网格点。

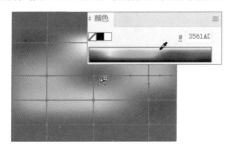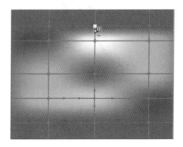

用户可以使用网格工具或直接选择工具拖动网格点来移动其位置，同时更改渐变的位置，如下左图所示。如果需要沿着相邻的网格线移动网格点，可以按Shift键并使用网格工具拖拽网格点，如下右图所示。

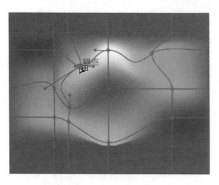 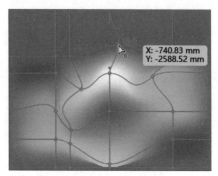

（2）编辑网格片面

用户可以为网格片面设置填充颜色。使用直接选择工具选中右下角的网格片面，然后在"颜色"面板中设置填充颜色，如右图所示。

知识延伸：填充图案

Illustrator为用户提供了多种多样的填充图案，通过"色板"面板或使用相关的命令即可使用这些图案，用户也可以自定义图案。

首先介绍如何填充图案。打开素材文件，如下左图所示。选中该图形，执行"窗口>色板库>图案>装饰>Vonster图案"命令，在打开的"Vonster图案"面板中选择合适的图案，如下中图所示。然后返回文档中查看添加填充图案后的效果，如下右图所示。

接着介绍如何创建自定义图案。选择图形对象，如下左图所示。执行"对象>图案>建立"命令，打开提示对话框和"图案选项"面板，在"图案选项"面板的"名称"文本框中输入图案名称，选择"拼贴类型"为"网格"，然后在提示对话框中单击"完成"按钮，如下右图所示。

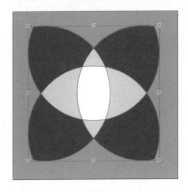 

该图案在"色板"面板中的显示如下左图所示。使用矩形工具绘制一个矩形，单击新建的图案即可进行填充，填充效果如下右图所示。

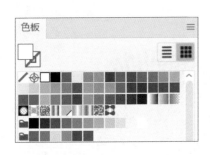 

上机实训：制作美食海报

本章主要介绍了为对象填充上色和描边的相关知识，接下来通过制作美食海报进一步学习填充和描边的操作技巧。本实例涉及"拾色器"和"描边"等功能，下面介绍具体操作步骤。

扫码看视频

步骤 01 首先创建A4大小的空白文档，设置"颜色模式"为"CMYK颜色"、分辨率为300，如下左图所示。

步骤 02 选择椭圆工具，按住Shift键绘制一个正圆线框，设置其描边为黑色，如下右图所示。

 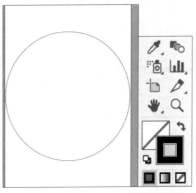

步骤 03 选中正圆线框，单击属性面板的"描边"按钮，弹出描边面板，勾选"虚线"复选框，如下左图所示。

步骤 04 长按"粗细"数值框左侧的微调按钮，数值框中的数值会不断递增，如下右图所示。

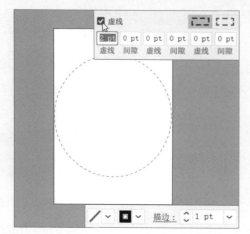
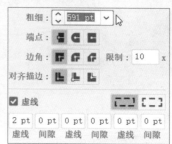

步骤 05 圆的曲线会不断地向圆心伸展，伸展到圆心时松开微调按钮，效果如下左图所示。

步骤 06 选中圆形线框，执行"对象>扩展"命令，在弹出的"扩展"对话框中勾选"描边"复选框，单击"确定"按扭，如下右图所示。

步骤 07 使用矩形工具绘制一个与画板大小相同的矩形，将圆形和矩形全选并创建剪切蒙版，如下左图所示。

步骤 08 建立蒙版后，出现一个矩形射线背景，效果如下右图所示。

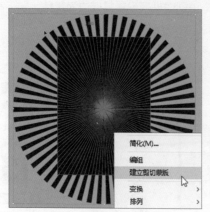

步骤 09 双击放射线背景会出现隔离模式。单击圆形，然后双击填色工具，在弹出的"拾色器"对话框中选取颜色，如下左图所示。

步骤 10 单击"确定"按钮，更改填充颜色为红色，效果如下右图所示。

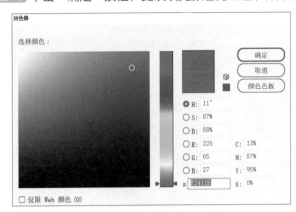
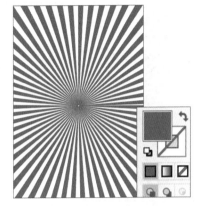

步骤 11 拖入一张比萨图片，在其属性面板中单击"嵌入"按钮嵌入图片，叉号消失时图片才能嵌入成功，如下左图所示。

步骤 12 选择椭圆工具，在图片上绘制和比萨大小相似的椭圆，然后使用弯曲工具沿着比萨边缘添加锚点调整形状，效果如下右图所示。

步骤 13 将所有对象全部选中并右击，执行建立剪切蒙版命令，将抠取的比萨图片拖到放射线背景上，效果如下左图所示。

步骤 14 使用椭圆工具和Shift键绘制4个圆，在其属性面板中单击"垂直居中对齐"和"水平居中分布"按钮，然后执行"窗口>路经查找器>联集"命令，如下右图所示。

步骤 15 执行"对象>路径>偏移路径"命令，将复合圆形边框填充为白色，如下左图所示。

步骤 16 使用钢笔工具绘制一个下右图中的装饰形状，用 步骤 15 中的方法偏移路径并将装饰形状的边框填充为白色。

步骤 17 使用文字工具输入文本并设置合适的文字样式，效果如下左图所示。

步骤 18 将光标移到"爆款"文本框右上角，将文字旋转8°，按Ctrl+Shift+O组合键为文字创建轮廓，效果如下右图所示。

步骤 19 执行"对象>路径>偏移路径"命令，效果如下左图所示。

步骤 20 使用吸管工具吸取红色，按住Alt键为文字填充红色，效果如下右图所示。

步骤21 再次执行"对象>路径>偏移路径"命令，设置相关参数，如下左图所示。调整参数后的效果如下右图所示。

步骤22 双击填色工具，用拾色器选取黄色，单击"确定"按钮，如右图所示。

步骤23 文字外轮廓填充黄色后的效果如下左图所示。

步骤24 使用矩形工具绘制一个矩形，按Ctrl+Shift+[组合键将矩形置于底层，最终效果如下右图所示。

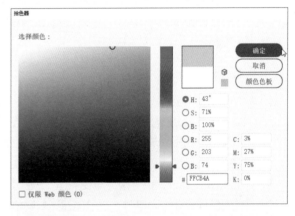

课后练习

一、选择题

（1）在Illustrator中，按（　　）组合键可以打开"渐变"面板。

A. Ctrl+F9　　　　　　B. Ctrl+F10　　　　　　C. Ctrl+F8　　　　　　D. Ctrl+F7

（2）使用实时上色工具时，如果需要设置对象的描边属性，用户可以按（　　）键，然后将光标移至描边上，当光标变为笔的形状即可设置。

A. Ctrl　　　　　　　　B. Alt　　　　　　　　C. Enter　　　　　　　D. Shift

（3）在Illustrator中，使用（　　）工具可以给对象填充由黑色到白色的渐变效果。

A. 实时上色　　　　　　B. 渐变　　　　　　　C. 吸管　　　　　　　D. 直接选择

（4）若需要删除渐变网格上的网格点，可以选择网格工具，按（　　）键，将光标移至网格点上，在右下方出现减号时单击，即可删除该网格点。

A. Ctrl　　　　　　　　B. Alt　　　　　　　　C. Enter　　　　　　　D. Shift

二、填空题

（1）在Illustrator中，"拾色器"对话框中包含3种颜色模式，分别为_____、_____和_____。

（2）为实时上色组添加路径，首先选中实时上色组和路径，然后单击控制栏中的_____按钮或执行_____命令，即可将路径添加至实时上色组。

（3）Illustrator软件提供了两种渐变类型，分别为_____和_____。

（4）为对象创建渐变网格时，在"创建渐变网格"对话框中可设置3种网格的外观，分别为_____、_____和_____。

三、上机题

制作渐变山峦的效果，进一步巩固渐变填充的操作方法，参照效果图如下两图所示。

操作提示

① 先使用矩形工具绘制矩形背景，在"颜色"面板中设置"填充"为浅蓝色。

② 使用钢笔工具绘制山峰和云彩的形状。

③ 使用渐变工具给山峰添加径向渐变。

④ 使用椭圆工具绘制花朵形状并填充渐变颜色，使其错落分布。

Ai 第5章 图层与蒙版

本章概述

图层用于管理对象，可以将复杂的图稿分解为多个部分并在不同的图层显示，使用户创建作品时更方便快捷。蒙版用于遮盖对象，使对象不可见或呈现透明效果，并且蒙版是一种非破坏性的编辑功能。

核心知识点

❶ 了解图层原理和图层管理方法
❷ 熟悉不透明度和混合模式
❸ 掌握剪贴蒙版的应用
❹ 掌握不透明度蒙版的应用

5.1 图层概述

图层是Illustrator中非常重要的功能，为用户提供了组织和管理图形、文本、效果的有效方式。图层可以控制对象的堆叠顺序、显示模式、锁定和删除等。在绘制复杂的图稿时，可以将图稿分解在不同的图层上进行选择和管理，使复杂图形简单化，提高工作效率。

5.1.1 图层的原理

图层就像是堆叠在一起的透明的纸，每层图层上都保存着不同的对象，从上层图层可以通过透明的区域看到下层图层上的对象。下左图为各层图层中包含的对象，下右图为图稿的效果。

每层图层中的对象都是独立存在的，编辑某图层中的对象不会影响其他图层的对象。下左图为修改花朵颜色的"图层"面板，下右图为修改后的效果。

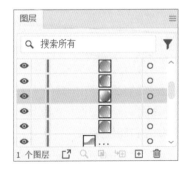
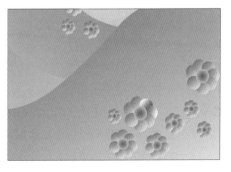

　　创建图层时通常以"图层+数字"命名，用户双击图层名称即可修改。绘制图形时会添加一个子图层，子图层包含在父图层之内。对父图层进行隐藏、锁定或删除操作时，子图层也会被隐藏、锁定或删除。单击图层左侧的三角按钮，即可展开子图层。

　　在"图层"面板中，可以通过调整图层前后顺序影响图像的前后位置。选中花朵图层并单击子图层的小眼睛图标，如下左图所示，会发现花朵的这片花瓣被隐藏了，效果如下右图所示。

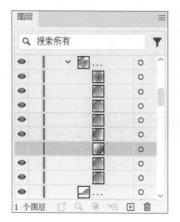

5.1.2　"图层"面板

　　在Illustrator中执行"窗口>图层"命令，即可打开"图层"面板，如下图所示。在面板中显示当前文档中包含的所有图层。

　　"图层"面板中各主要参数的功能和设置效果介绍如下。

- **父图层**：单击面板右下角的"创建新图层"按钮，即可创建一个父图层，并且新建的图层总是位于当前选中图层之上。
- **子图层**：单击右下角的"创建新子图层"按钮，即可在当前的父图层下创建一个子图层。
- **切换可视性** ⊙：单击该图标可以显示或隐藏图标所在的图层，显示该图标的图层为显示图层，不显示该图标的图层为隐藏图层。隐藏图层不能被编辑也不能被打印出来。
- **定位对象** ◎：选中对象后，单击该按钮，在面板中即可选择对象所在的图层或子图层。

- **建立/释放剪切蒙版**：单击该按钮，即可创建或释放剪贴蒙版。
- **切换锁定**：单击"切换可视性"图标右侧，可以锁定该图层，锁定后的图层不能被编辑。
- **删除所选图层**：单击该按钮可以删除选中的图层。

5.1.3　管理图层

在Illustrator的"图层"面板中，用户可以对图层进行管理，如设置图层的选项、修改命名、隐藏、合并或删除图层等。

（1）设置图层选项

打开"图层"面板，双击某图层，如下左图所示。打开"选项"对话框，在该对话框中可以修改图层的名称，如下右图所示。

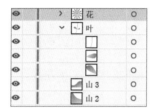 

下面介绍"选项"对话框中各主要选项的功能和设置效果。

- **名称**：在右侧文本框中可以输入该图层的名称，如下左图所示。
- **显示**：勾选该复选框会出现小眼睛的图标，表示该图层处于可见状态。
- **锁定**：勾选该复选框，其所在图层会处于锁定状态，如下右图所示。

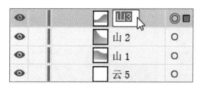 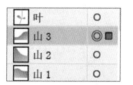

提示：调整图层缩览图的大小

　　单击"图层"面板右上角的▤按钮，在打开的菜单列表中选择"面板选项"命令，打开"图层面板选项"对话框，根据需要在"行大小"选项区域中选择相应的单选按钮，自定义行大小，如右图所示。

（2）将对象移至其他图层

在文档中选择某对象，"图层"面板中该对象所在图层的缩览图右侧会显示定位图标，单击即可定位图层对象。用户可通过拖动图层改变其顺序，移至需要取样的对象上。这里选中"云2"图层并按住鼠标左键，将其拖动到"花"图层上方，释放鼠标即可改变云的位置，如下两图所示。

移动图层时，图层的顺序会发生变化，图像的外观也会发生相应的变化。下左图为原图稿效果，下右图为移动图层后的效果。

（3）合并与拼合图层

合并图层可把选中的图层合并为一个图层。用户可以在"图层"面板中按住Ctrl键选中需要合并的图层，打开面板菜单，选择"合并所选图层"命令，如下左图所示。然后所选择的图层会合并在最后选择的图层内，如下右图所示。

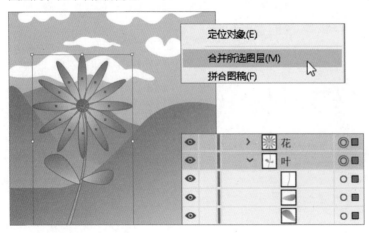
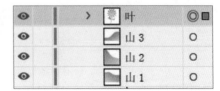

（4）定位对象

在复杂的图稿中使用定位对象功能可以快速定位对象所处的图层位置。首先用户需要在文档中选择对象，如下左图所示。打开"图层"面板，单击"定位对象"按钮，或执行面板菜单中的"定位对象"命令，即可选中对象所在的图层，如下右图所示。

 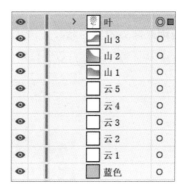

（5）删除图层

在"图层"面板中选择需要删除的图层、子图层或组，然后单击"删除所选图层"按钮，即可删除图层。此处选择"叶"图层，如下左图所示。该操作不会影响其他图层，但会删除选中图层中的对象，删除"叶"图层的效果如下右图所示。

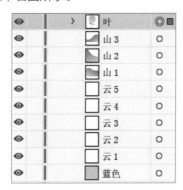 

5.2 透明度与混合模式

在"透明度"面板中可以设置选中对象的混合模式和透明度。Illustrator提供了10多种混合模式，用户可以根据需要选择混合的方式，也可以设置对象的透明度。

5.2.1 "透明度"面板

在Illustrator中执行"窗口>透明度"命令，即可打开"透明度"面板，如右图所示。打开面板菜单，选择"显示选项"命令，可显示全部选项。在该面板中不仅可以设置混合模式和不透明度，还可以创建不透明度蒙版和挖空效果。

下面介绍"透明度"面板中各主要选项的功能和设置效果。

● **混合模式：**单击右侧的按钮，在列表中选择混合模式选项，其中包括10多种模式，如变暗、正片叠底、颜色加深、叠加等。

- **不透明度**：可以设置选中对象的不透明度，例如，设置花的不透明度为50%，效果如下图所示。
- **页面隔离混合**：勾选该复选框，可以将混合模式与已经定位的图层或组进行隔离，使其下方的对象不受影响。
- **页面挖空组**：勾选该复选框，可以使编组对象中单独对象相互重叠的位置不透过彼此显示。若取消勾选该复选框，则可以透过彼此显示。
- **不透明度和蒙版用来定义挖空形状**：该选项用于创建和对象不透明度成比例的挖空效果。接近100%不透明度的蒙版区域中，挖空效果较强；在具有较低不透明度的区域中，挖空效果较弱。

5.2.2　设置混合模式

　　Illustrator提供了16种混合模式，共6组，各组的混合模式有着相似的用途。默认状态下的图形为"正常"模式，对象的不透明度为100%，效果如下左图所示。

　　执行"窗口>透明度"命令，可以调出"透明度"面板。下右图是设置混合模式为"明度"后的效果。

　　下左图为"混色"混合模式的效果，下中图为"饱和度"混合模式的效果，下右图为"色相"混合模式的效果。

下左图为"排除"混合模式的效果，下中图为"差值"混合模式的效果，下右图为"强光"混合模式的效果。

下左图为"柔光"混合模式的效果，下中图为"颜色减淡"混合模式的效果，下右图为"颜色加深"混合模式的效果。

实战练习 制作音乐CD封面

本例将依据上面的知识点，讲解如何设计一款音乐CD封面，具体操作步骤如下。

步骤 01 执行"文件>新建"命令，在"预设详细信息"面板中设置各项参数，创建空白文档，如下左图所示。

步骤 02 选择椭圆工具，按住Shift键并拖动鼠标绘制圆形。在"变换"面板中设置宽度为120mm，在"颜色"面板中设置描边色为无、填色为灰色，效果如下右图所示。

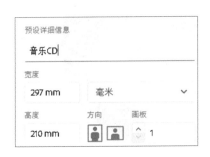

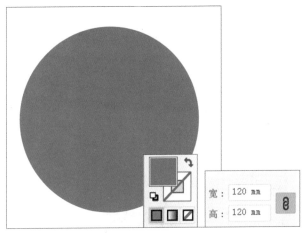

步骤 03 选中圆形并右击，在弹出的快捷菜单中执行"变换>缩放"命令，弹出"比例缩放"对话框。在对话框中设置"等比"数值为98%，然后单击"复制"按钮，如下左图所示。

步骤 04 在"颜色"面板中，设置填充颜色为白色，效果如下右图所示。按下Ctrl+C组合键和Ctrl+F组合键复制粘贴刚创建的圆形。

 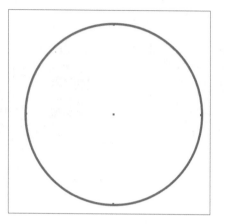

步骤 05 执行"文件>置入"命令，在上方属性栏中单击"嵌入"按钮，图像效果如下左图所示。

步骤 06 执行"窗口>透明度"命令，在"透明度"面板中设置混合模式为"变暗"，效果如下右图所示。

步骤 07 设置"不透明度"数值为75%，如下左图所示。

步骤 08 按下Ctrl+ [组合键，将图像后移一层。选择选择工具后按住Shift键，将图像和圆形选中，右击创建剪贴蒙版，效果如下右图所示。

步骤09 选中灰色圆形，单击鼠标右键，在弹出的快捷菜单中执行"变换>缩放"命令，打开"比例缩放"对话框，设置"等比"数值为30%，勾选"比例缩放描边和效果"复选框，然后单击"复制"按扭，如下左图所示。

步骤10 按下Shift+Ctrl+ [组合键将复制好的圆形置于顶层，效果如下右图所示。

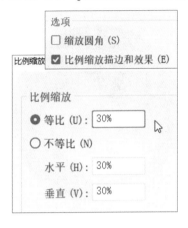

步骤11 单击工具栏中的互换填色和描边按钮，在描边属性面板中设置圆形的描边粗细为3pt，如下左图所示。

步骤12 设置圆形的不透明度为50%，如下右图所示。

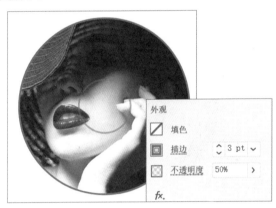

步骤13 再次执行"变换>缩放"命令，打开"比例缩放"对话框，设置"等比"数值为80%，然后单击"复制"按扭，效果如下左图所示。

步骤14 在工具栏中单击互换填色和描边按钮，此时圆形填充为灰色，描边为无，效果如下右图所示。

步骤15 在属性面板中设置"不透明度"为100%。双击渐变工具，弹出"渐变"面板，设置"类型"为线性渐变、角度为-120°，设置K为0到K为41到K为44到K为44.5到K为0到K为55的渐变，如下左图所示。

步骤16 设置渐变后的效果如下右图所示。

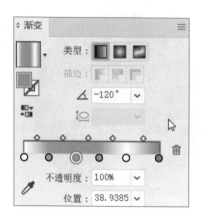 

步骤17 选中圆形线框，在"渐变"面板内将光标移动到渐变缩略图上，单击并启用渐变，如下左图所示。

步骤18 设置渐变后的效果如下右图所示。

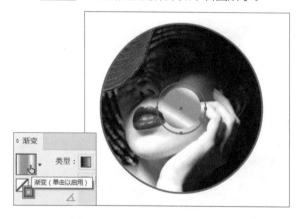 

步骤19 选中渐变的圆形，执行"变换>缩放"命令，打开"比例缩放"对话框，设置"等比"数值为50%，如下左图所示。然后单击"复制"按扭，如下中图所示。

步骤20 设置参数后的效果如下右图所示。

步骤21 双击渐变工具，弹出"渐变"面板，然后单击渐变填色框，设置"角度"为120°，设置K为0到K为100到K为50的渐变，如下左图所示。

步骤22 单击鼠标右键，在弹出的快捷菜单中执行"变换>缩放"命令，打开"比例缩放"对话框，设置"等比"数值为90%，然后单击"复制"按钮，如下右图所示。

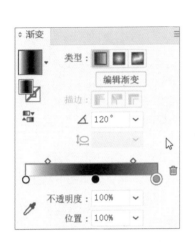
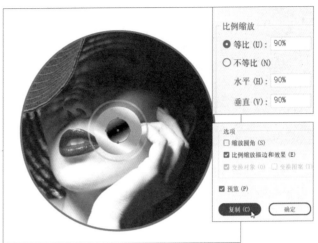

步骤23 在"颜色"面板中设置填色为白色，效果如下左图所示。

步骤24 使用文字工具添加装饰性文字，最终效果如下右图所示。

5.3 剪切蒙版

蒙版用于遮盖对象，但不会删除对象。Illustrator提供两种蒙版，分别为不透明度蒙版和剪切蒙版。剪切蒙版能控制对象的显示区域，通过蒙版图形的形状来遮盖其他对象，显示蒙版图形区域内的对象。

5.3.1 创建剪切蒙版

创建剪切蒙版主要有两种方法。第一种方法是在图层中绘制形状，保持该形状为选中状态，如下页左图所示。然后在"图层"面板中单击"建立/释放剪切蒙版"按钮，如下页右图所示。此时蒙版会遮盖同一图层中的所有对象。

第二种方法是在同一图层中按住Shift键多选对象和路径后，执行"对象>剪切蒙版>建立"命令进行创建，如下左图所示。此时蒙版只遮盖选中的对象，不会影响同图层的其他对象，效果如下右图所示。

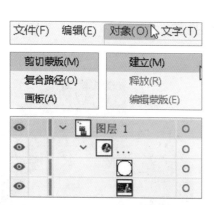

上述内容是在同一图层制作剪切蒙版的方法，剪切的路径应该位于被遮盖的对象上面。如果图形位于不同的图层，在制作剪切蒙版时应将剪切路径所在的图层调整到被遮盖对象图层的上层。

用户可以在多个剪切路径的重叠区域创建剪切蒙版。首先在同一图层中绘制多个剪切路径并选中，按下Ctrl+G组合键进行编组，然后选择所有对象和剪切路径，如下左图所示。执行"对象剪切蒙版>建立"命令即可完成操作，效果如下右图所示。

5.3.2 编辑剪切蒙版

创建完剪切蒙版后，用户可以根据自己的需要，使用直接选择工具或锚点工具对剪切路径进行编辑操作，具体步骤如下。

步骤01 执行"文件>打开"命令，打开图片文档，如下左图所示。

步骤02 使用曲线工具绘制下右图中的形状。

 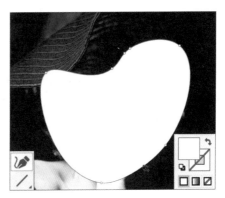

步骤03 选择斑点画笔工具，配合键盘上的 { 键和 } 键放大和缩小画笔。然后用该画笔添加下左图中的细节。

步骤04 使用选择工具选择作为剪切蒙版的对象和被蒙版的对象，右击建立剪切蒙版，效果如下右图所示。

5.3.3 释放剪切蒙版

释放剪切蒙版是指将剪切蒙版遮盖的对象显示出来。如果剪切蒙版的对象被移至其他图层，也可释放剪切蒙版，使其显示出来，并且不影响原始的剪切蒙版。

选择剪切蒙版的对象，执行"对象>剪切蒙版>释放"命令，如下左图所示。或单击"图层"面板中的"建立/释放剪切蒙版"按钮，如下右图所示。即可释放剪切蒙版。

5.4 不透明度蒙版

不透明度蒙版通过改变对象的不透明度，从而使对象产生透明的效果。不透明度蒙版中的白色区域会完全显示下面的对象，灰色区域能呈现不同程度的透明效果，黑色区域能完全遮盖下面的对象。

5.4.1 创建不透明度蒙版

在创建不透明度蒙版时，需注意蒙版对象应位于被遮盖对象之上，蒙版对象决定了透明区域和透明度。下面介绍创建不透明度蒙版的操作步骤。

步骤 01 打开素材文件，使用选择工具选中素材，如下左图所示。

步骤 02 按下Ctrl+Shift+F10组合键，打开"透明度"面板，单击"制作蒙版"按钮，取消勾选"剪切"复选框，然后选中不透明度蒙版，如下右图所示。

步骤 03 返回文档中，使用钢笔工具绘制不透明度蒙版区域并将其填充为白色，该区域完全显示，如下左图所示。

步骤 04 将该区域填充为黑色，在"透明度"面板中该区域也显示为黑色，如下右图所示。

步骤 05 返回文档中，该区域的对象为不可见状态，如下左图所示。

步骤 06 将该区域填充为灰色，灰色越深，该区域透明度越低，效果如下右图所示。

5.4.2 停用和激活不透明度蒙版

为对象创建不透明度蒙版后，用户可以设置停用或激活蒙版对象。选择不透明度蒙版对象，打开"透明度"面板，按住Shift键并单击蒙版对象的缩览图，即可停用不透明度蒙版，蒙版缩览图上会出现红色的"×"符号，如下左图所示。停用不透明度蒙版后，对象会恢复至使用蒙版前的效果，如下右图所示。

如果需要激活不透明度蒙版，则按住Shift键并单击蒙版对象缩览图，红色的"×"符号则会消失，如下左图所示。该对象则创建了不透明度蒙版，效果如下右图所示。

> **提示：释放不透明度蒙版**
>
> 选择不透明度蒙版对象，打开"透明度"面板，单击"释放"按钮，即可释放不透明度蒙版。

 知识延伸：设置填色和描边的不透明度

在"透明度"面板中设置对象的不透明度时，效果也会应用至对象的填色和描边上。如果需要分别设置填色和描边的不透明度，该如何操作呢？下面介绍相关方法。

打开素材文件，执行"视图>显示透明度网格"命令，即可在画板中显示透明度网格，如下左图所示。选中图形，执行"窗口>外观"命令，打开"外观"面板，选中"填色"选项，如下右图所示。

单击"填色"左侧的折叠按钮，再单击"不透明度"选项，就会弹出透明度快捷面板。设置"不透明度"的数值为50%，如下左图所示。返回文档中，可见图形填色的透明度发生了变化，而描边不变，效果如下右图所示。

在"外观"面板中选择"描边"选项，在"透明度"面板中设置"不透明度"的数值为50%，如下左图所示。设置后的效果如下右图所示。

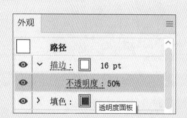 

上机实训：制作电影展示墙

扫码看视频

通过本章内容的学习，用户对创建剪切蒙版有了全面的认识，下面将通过制作电影展示墙，进一步巩固蒙版的使用方法，具体操作步骤如下。

步骤 01 执行"文件>新建"命令，设置各项参数后创建空白文档，如下左图所示。

步骤 02 选择矩形工具，绘制一个286mm×40mm的矩形，在"颜色"面板中将其填色为黑色，效果如下右图所示。

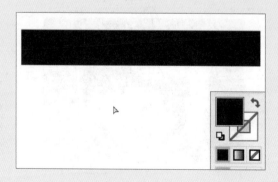

步骤 03 在矩形上再绘制一个40mm×28mm的矩形，在"颜色"面板中将其填色为白色，如下左图所示。

步骤 04 按住Alt键并拖动白色矩形，复制一个白色矩形，效果如下右图所示。

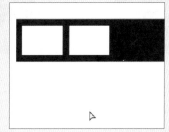

步骤 05 选中复制好的矩形，按下Ctrl+C组合键和Ctrl+D组合键重复执行复制、粘贴操作，直到铺满黑色矩形，效果如下左图所示。

步骤 06 按住Shift键选中全部白色矩形，在其属性栏中单击"垂直居中对齐"和"水平居中分布"按钮，使它们均匀分布，如下右图所示。

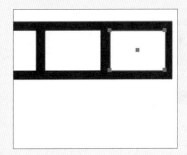
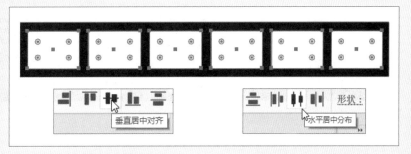

步骤 07 拖入一张照片，右击并执行"排列>置于底层"命令，调整其大小和位置，如下左图所示。

步骤 08 选中白色矩形和图片，右击并选择"建立剪切蒙版"命令，效果如下右图所示。

步骤 09 再次拖入一张照片，按下Ctrl+[组合键，将照片置于底层。然后选中图片和矩形建立剪切蒙版，如右图所示。

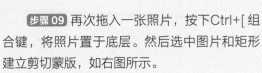
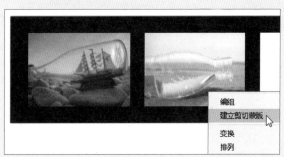

步骤10 重复 步骤07 到 步骤09 的操作，给所有矩形蒙版都添加图片，效果如下图所示。

步骤11 选择矩形工具并按住Shift键绘制一个2.4mm×2.4mm的正方形，按住Alt键拖动并复制出一个正方形，如右图所示。

步骤12 按下Ctrl+C组合键和Ctrl+D组合键重复 步骤11 的操作，复制多个正方形，直到铺满黑色矩形的上方，如下图所示。

步骤13 全选白色正方形，将它们对齐居中分布。按下Ctrl+G组合键将它们编组，再按住Alt键并拖动，复制一排正方形并调整到合适的位置，效果如下图所示。

步骤14 选中所有对象并按下Ctrl+G组合键进行编组。执行"效果>变形>旗形"命令，在弹出的"变形选项"对话框中，设置"弯曲"的数值为50%，如下图所示。

步骤 15 设置变形后的效果如下左图所示。

步骤 16 绘制一个297mm×210mm的黑色矩形，再绘制一个287mm×173mm的白色矩形，将它们水平居中对齐后置于底层，效果如下右图所示。

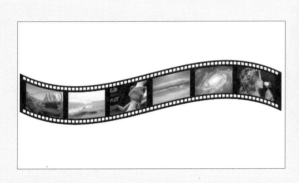 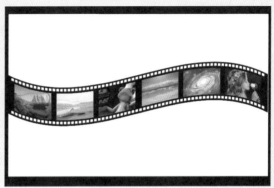

步骤 17 拖入一张复古风格的照片。调整照片的大小和位置，将其置于底层。右击并建立剪切蒙版，效果如下左图所示。

步骤 18 按住Alt键并拖动鼠标复制两组胶卷。将它们水平居中对齐，然后垂直居中分布，如下右图所示。

 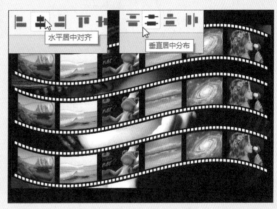

步骤 19 选择矩形工具并按住Shift键，绘制一个9.4mm×9.4mm的白色正方形。依照 步骤 11 和 步骤 12 ，先按住Alt键并拖动鼠标复制出一个正方形，然后按下Ctrl+C组合键和Ctrl+D组合键重复以上操作，复制多个正方形，直到铺满黑色矩形的上方。按下Ctrl+G组合键将它们编组，再调整到合适的位置，效果如下左图所示。

步骤 20 选择文字工具，在图片上的合适位置单击并输入文本，如下右图所示。

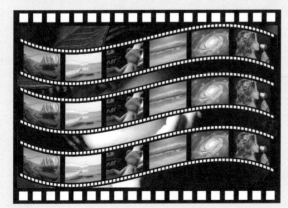 

课后练习

一、选择题

（1）在Illustrator的"图层"面板中可以设置图层缩览图的大小，打开面板菜单并选择（　　）命令，即可在打开的"图层面板选项"对话框中进行设置。

A. 图层面板选项　　　B. 面板选项　　　　C. 图层选项　　　　D. 图层面板

（2）在"透明度"面板中，Illustrator提供了16种混合模式，下列的（　　）不包含在16种混合模式中。

A. 变亮　　　　　　　B. 正片叠底　　　　C. 亮度　　　　　　D. 排除

（3）在Illustrator中，用户可以按下（　　）打开"透明度"面板。

A. Shift+Ctrl+F10组合键　　　　　　B. F10功能键

C. Shift+Ctrl+F7组合键　　　　　　 D. F7功能键

（4）创建剪切蒙版时，选择剪切路径和对象后，执行"对象>剪切蒙版>建立"命令或按（　　）组合键即可完成创建操作。

A. Ctrl+F7　　　　　B. Ctrl+7　　　　　C. Shift+F7　　　　D. Shift+7

二、填空题

（1）在Illustrator中可以创建两种蒙版，分别为＿＿＿＿＿＿和＿＿＿＿＿＿。其中＿＿＿＿＿＿通过图形来控制其他对象的显示范围。

（2）执行＿＿＿＿＿＿命令或按F7功能键，在打开的面板中能显示当前文档中包含的所有图层。

（3）在Illustrator中设置对象的不透明度时，若只设置填色的透明度，则首先在＿＿＿＿＿＿面板中选择"填色"选项，然后在＿＿＿＿＿＿面板中设置"不透明度"的数值。

（4）若需要从两个或两个以上剪切路径的重叠区域创建剪切蒙版，则首先选中多个剪切路径，按＿＿＿＿＿＿组合键将其编组，然后再创建剪切蒙版。

三、上机题

下面根据本章中的图层与蒙版的知识制作文字蒙版效果，下左图为原始效果，下右图为最终效果。

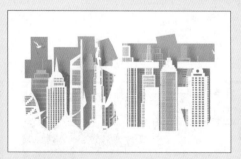

操作提示

① 使用文字工具输入文本。

② 文字需置于图层顶层。

③ 创建剪切蒙版，即可查看文字蒙版的效果。

Ai 第6章 文字的应用

本章概述

　　文字是平面设计的重要组成部分，可以突出主题和美化作品。Illustrator提供了强大的文字功能，使用户可以创建各种字体，也可以对文字进行排版。

核心知识点

❶ 了解创建文字的方法
❷ 熟悉相关面板的应用
❸ 掌握区域文字的编辑方法
❹ 掌握路径文字的编辑方法

6.1　使用文字工具

　　Illustrator为用户提供了7种文字工具，分为3种类型，包括点文字、区域文字和路径文字，用户可以根据需要输入文字。打开Illustrator，在工具栏中的文字工具组中选择文字工具，其中包括6种创建文字工具和1种修饰文字工具，如下图所示。

6.1.1　点文字

　　点文字是从画面中单击的位置开始输入一行或一列文字，适合输入文字量较少的文本。输入点文字时如果需要换行，直接按Enter键即可。

　　在工具栏中选择文字工具，在属性栏中可以设置文字的字体和字号等。使用文字工具输入文字，文字会按照横排方式从左到右输入，如下左图所示。使用直排文字工具输入文字，文字则按照竖排方式从上到下输入，如下右图所示。按下Esc键或单击画面中的其他位置，即可结束文字的输入。

6.1.2　区域文字

　　区域文字也称为段落文字，适合文字量较多的文本输入。区域文字包含横排文字和直排文字，在创建时利用对象的边界来控制文字的排列，若文本触及边界会自动换行。

　　在工具栏中选择区域文字工具或直排区域文字工具，将光标移至封闭形状的路径上，光标显示路径时即可输入文字，如下页左图所示。单击会输入默认文字，用户也可以粘贴从其他地方复制的文字，如下页右图所示。

 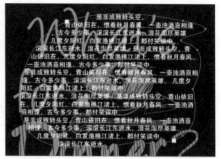

在Illustrator中，要使用直排区域文字工具创建直排区域文字，则先在画面中绘制一个矩形，使用直排区域文字工具单击路径，如下左图所示。然后文本会自动输入。用户也可以根据需要重新输入其他文字，效果如下右图所示。

提示：显示全部文字

在创建区域文字时，若输入的文字过多并在图形内显示不全，就会在图形下方显示⊞符号，并且光标移动到文字边缘时会出现双向箭头，用户可以通过向外拖动或将文字缩小来扩展区域。

用户还可以使用直接选择工具拖拽图形的锚点，调整对象的形状，使文字填充在图形内。

6.1.3 路径文字

路径文字是沿着开放或封闭路径边缘排列的语言文字。在画面中绘制路径，可以选择路径文字工具或直排路径文字工具，将光标移至路径上方并单击则会出现默认输入的文本，删除默认文本就可以输入用户自己的文字。在开放路径中输入的文字效果如下左图所示。在封闭路径中输入文字的效果如下右图所示。

提示：如何计算工作区任意两点之间的距离？

执行"图像>分析>标尺工具"命令或在工具栏中选择标尺工具⌒。选择需测量对象的一端，拖动鼠标并向另一端释放，同时，按住Shift键可将工具限制为45°的倍数。即可在属性栏中看到两点之间的距离。

6.1.4　置入和导出文本

在Illustrator中，用户不仅可以使用文字工具输入文字，也可以置入其他软件，如Word文档中的文字信息，还可以将Illustrator中的文字信息导出至其他程序。

（1）置入文本

下面介绍将Word文档中的文本置入到Illustrator中的方法。执行"文件>置入"命令或按下Shift+Ctrl+P组合键，打开"置入"对话框，选择需要置入文字的文档，单击"置入"按钮，如下左图所示。在弹出的"Microsoft Word选项"对话框中勾选"目录文本"复选框和"移去文本格式"复选框，单击"确定"按钮，如下右图所示。

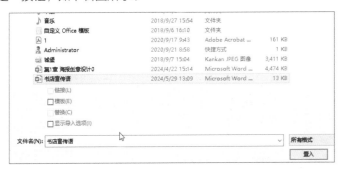 

返回画面，按住鼠标左键或双击绘制文本框，即可将Word文档中的文字置入Illustrator中，如下左图所示。使用选择工具选中置入的文字，在属性栏中可以设置文字的格式，还可以调整图形的大小，效果如下右图所示。

（2）导出文本

下面介绍将Illustrator中的文字导出为TXT格式的方法。使用选择工具选中文本，然后执行"文件>导出>导出为"命令，打开"导出"对话框，选择合适的路径，设置保存类型为TXT格式，输入文件名称，单击"导出"按钮，如下左图所示。在打开的"文本导出选项"对话框中单击"导出"按钮，如下中图所示。返回保存的文件夹中，即可查看导出的文本，如下右图所示。

6.2 应用"字符"面板

在Illustrator中输入文字后，可以设置文字的字体、大小、间距以及行距等属性。用户可以在属性栏中完成设置，也可以在"字符"面板中更准确地设置。

6.2.1 "字符"面板概述

执行"窗口>文字>字符"命令即可打开"字符"面板，此时在面板中会显示常用的选项，如下左图所示。若需要显示所有选项，单击面板右上角的菜单按钮，在展开的菜单列表中选择相关的显示命令，如下右图所示。

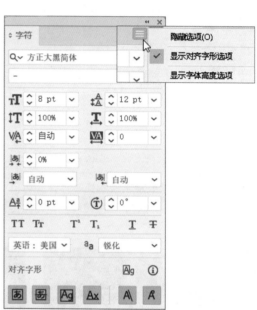

下面介绍"字符"面板中各主要选项的功能和设置效果。

- **设置字体系列**：单击右侧下三角按钮或直接搜索，选择想要的字体并单击，即可设置文字的字体。
- **设置字体样式**：设置所选字体的字体样式，即一个系列中字体的不同样式。
- **设置字体大小**：可以通过在右侧数值框中输入数值调整，也可以在列表中直接选择字体大小。
- **设置行距**：设置字符行之间的距离大小。
- **垂直缩放**：设置文字的垂直缩放百分比。
- **水平缩放**：设置文字的水平缩放百分比。
- **设置两个字符间的字距微调**：设置两个字符间的间距。
- **设置所选字符的字距调整**：设置所选字符的间距。

6.2.2 设置字体和大小

在Illustrator中，用户可以修改整段文字的字体，也可以修改单个文字的字体。使用选择工具输入文字的系统默认字体为"Adobe 宋体 Std L"，如下页左图所示。

选择文字工具，将光标定位在文本的合适位置并按Enter键，可以进行换行。选中文字，打开"字符"面板，在"设置字体系列"列表中选择需要应用的系列字体即可完成修改，效果如下页右图所示。

单击"字符"面板右上角的 ≡ 按钮，在打开的菜单列表中选择"修饰文字工具"选项，单击文本中的一个文字，即可修改选中文字的字体和大小。原始文字如下左图所示。修改后的效果如下右图所示。

6.2.3　设置行距

行距是两行文字之间的距离。Illustrator默认的行距为自动，即行距是字体大小的1.2倍，如果字体为10pt，则行距为12pt。选中需要设置行距的文字，然后打开"字符"面板，在"设置行距"数值框中输入数值，或单击下三角按钮，在列表中选择相应的选项即可设置行距。

6.2.4　旋转文字

在Illustrator中，用户可以对文字进行任意角度的旋转。要旋转文字，先选择文字，在"字符"面板中的"字符旋转"数值框中设置旋转的角度即可。下左图为设置文字旋转角度为30°的效果。

用户还可以对单个文字进行旋转设置。选择修饰文字工具，选中单个文字，在出现旋转符号时直接旋转文字如下右图所示。或在"字符"面板中的"字符旋转"数值框中设置旋转角度，也可对单个文字进行旋转。

6.3 应用"段落"面板

在Illustrator中,用户可以通过"段落"面板设置段落的属性,如对齐、缩进、间距、连字符等。通过对段落进行精确设置,可以获得丰富的段落效果。

6.3.1 "段落"面板概述

执行"窗口>文字>段落"命令,打开"段落"面板,如下左图所示。单击面板右上角的 ≡ 按钮,在打开的菜单列表中可以进行更多的设置,如下中图所示。单击面板中的"避头尾集"下拉按钮和"标点挤压集"下拉按钮,可以展开下拉列表,如下右图所示。

  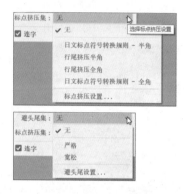

下面介绍"段落"面板中各对齐方式的含义。

- **左对齐**:单击该按钮,会以文本左侧的边界为准线对齐文本,如下左图所示。
- **居中对齐**:单击该按钮,每行文本的中心会与段落文本框的中心对齐,如下右图所示。
- **右对齐**:单击该按钮,会以文本右侧的边界为准线对齐文本。

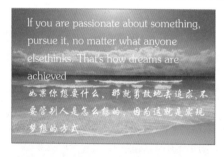 

- **两端对齐,末行左对齐**:文本末行为左对齐,其余文本为两端对齐,如下左图所示。
- **两端对齐,末行居中对齐**:文本末行为居中对齐,其余文本为两端对齐,如下右图所示。
- **两端对齐,末行右对齐**:文本末行为右对齐,其余文本为两端对齐。
- **全部两端对齐**:两端对齐所有文本。

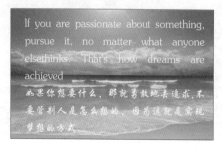 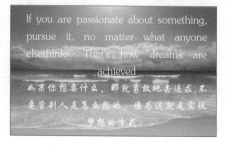

6.3.2 设置缩进

执行"窗口>文字>段落"命令,打开"段落"面板。

在"段落"面板中,单击"首行左缩进"按钮,可以控制每段文本的首行按照指定数值进行缩进,如下左图所示。单击"左缩进"和"右缩进"按钮,可以调节整段文本边界到文本框的距离,如下中图和下右图所示。

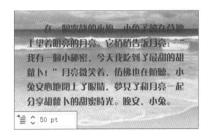  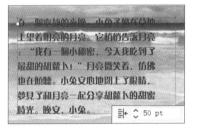

6.3.3 设置段落间距

单击"段前间距"和"段后间距"按钮,可以设置段落文本之间的距离,如下左图所示。设置"段后间距"为50pt的效果如下右图所示。

 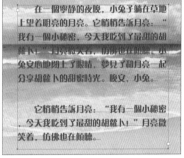

6.3.4 设置避头尾集和标点挤压集

避头尾集用来设置不能放在行首或行尾的字符。首先选中段落文本,打开"段落"面板,单击"避头尾集"下三角按钮,在列表中选择相应的选项,如下左图所示。"无"表示不用避头尾,"宽松"和"严格"表示避免所选字符位于行首或行尾。

在"避头尾集"下拉列表中选择"避头尾设置"选项,将打开"避头尾法则设置"对话框,选择不能位于行首或行尾的字符,单击"确定"按钮即可,如下右图所示。

在Adobe Illustrator中，标点挤压集功能允许用户控制标点符号在文本中占据的空间大小。执行"文字>标点挤压设置"命令，如下左图所示。或在"段落"面板中单击"标点挤压集"下拉按钮，选择"标点挤压设置"选项，如下右图所示。在打开的"标点挤压设置"对话框中进行相应的设置。

6.4 编辑区域文字

输入区域文字后，若对文本区域直接进行编辑，则会影响文字内容的显示和排列方式。用户可以通过设置文本区域的大小和形状、文本绕排方式和串接文本等来编辑区域文字。

6.4.1 设置区域文字选项

使用选择工具或文字工具选择区域文字，或执行"文字>区域文字选项"命令，即可打开"区域文字选项"对话框，如下两图所示。

下面介绍"区域文字选项"对话框中各主要选项的功能和设置效果。

- **宽度/高度**：通过在数值框中输入数值调整文本区域的大小。
- **"行"选项区**：该区域中，"数量"用于设置选中文本区域的行数；"跨距"用于设置行与行之间的距离；"固定"表示在调整文字区域大小时行高不变，勾选该复选框，在调整区域大小时只改变行数和栏数，不改变高度。
- **"列"选项区**：创建文本区域的列，该区域的选项和"行"区域功能一样。
- **"位移"选项区**：在该区域可以设置内边距和首行基线的对齐。"内边距"表示区域文本和边框路径的距离，单位是毫米，可以直接在数值框中输入数值。
- **"选项"选项区**：在该区域设置文本的走向，包含两个按钮，即"按行从左到右"按钮和"按列从左到右"按钮。

6.4.2 创建文本绕排

文本绕排是在选定的对象周围绕排文本，使文本和对象结合起来。执行"对象>文本绕排>文本绕排选项"命令，在打开的"文本绕排选项"对话框中设置参数即可绕排文本，如右图所示。

下面介绍"文本绕排选项"对话框中各主要参数的功能和设置效果。

- **"位移"**：设置文本和对象之间的间距大小，直接在数值框内输入数字即可调整，数字可以是正数也可以是负数。
- **"反向绕排"复选框**：勾选该复选框可围绕对象反向绕排文本。

下面介绍创建绕排文本的具体操作步骤。

步骤 01 打开素材文件，可见文本覆盖了图像中的卡通形象，如下左图所示。

步骤 02 使用钢笔工具沿着卡通形象周围绘制图形，如下右图所示。

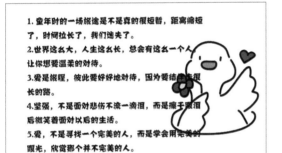
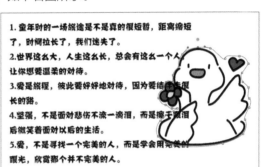

步骤 03 按住Shift键并选中绘制的路径和文本，然后执行"对象>文本绕排>建立"命令，如下左图所示。

步骤 04 使用选择工具拖拽区域文本向路径移动，文字会自动重新排列，效果如下右图所示。

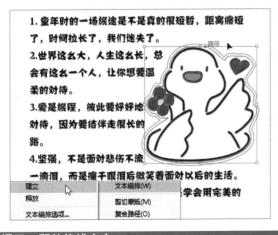

6.4.3 串接文本

输入区域文本时,若输入的文本信息超出路径范围,可以使用文本串接功能,将未显示完全的文本显示在其他区域。打开素材文件,会发现文本框的右下角出现红色加号,如下左图所示。将光标移至该图标上并双击,在其他区域会出现溢出的文本区域,如下右图所示。

> **提示:创建和释放串接文本**
>
> 　　首先选择两个或两个以上区域,然后执行"文字>串接文本>创建"命令,即可创建串接文本。创建串接文本后,若串接标记不显示,则执行"视图>显示文本串接"命令。选中文本对象,然后执行"文字>串接文本>释放所选文字"命令,文本将保留在原位置。

6.5　编辑路径文字

路径文字创建完成后,用户可以对其进行编辑操作,如移动文字、翻转文字。也可以通过"路径文字选项"对话框设置路径文字的效果,如设置不同效果、对齐的路径等。

选择路径文字,执行"文字>路径文字>路径文字选项"命令,打开"路径文字选项"对话框,如下图所示。

下面介绍"路径文字选项"对话框中各主要选项的功能和设置效果。

- **效果:**可以在该列表中设置路径文字的5种效果,也可以执行"文字>路径文字"命令,在子菜单中找到这几种效果。
- **翻转:**勾选该复选框,可以翻转路径上的文字。
- **对齐路径:**设置路径文字的对齐方式,默认为"基线"方式,此外还包括"字母上缘""字母下缘"和"居中"几种方式。

- **间距**：如果字符沿着尖锐曲线进行排列，字符之间会出现额外的间距，此时调整"间距"值可消除不必要的间距。"间距"值对直线路径文字不产生任何影响。
- **预览**：若勾选该复选框，则不用单击"确定"按钮也可查看对话框中的设置效果。

> **提示：翻转文字且不改变文字方向**
>
> 用户可以通过将"字符"面板中的"设置基线偏移"参数设置为负数，把路径文字移动至路径的另一侧，而且不改变文字的方向。

知识延伸：将文字转换为轮廓

在Illustrator中，将文字转换为轮廓后可以进一步编辑文字，例如添加效果、设置渐变填充等。

未创建轮廓的文字可以编辑和修改，如下左图所示。创建轮廓可用于保留文字的形状，缺点是无法在原有的文本上编辑文字，如下右图所示。

创建轮廓后，使用直接选择工具选中锚点并拖动，可随意改变文字的形状，如下左图所示。

对文字执行"对象>取消编组"命令，可以对单个文字进行编辑，如下右图所示。

上机实训：设计纯净水画册内页

扫码看视频

本案例将通过制作画册内页的过程，使用户了解文字工具的使用和蒙版的应用技巧，具体操作步骤如下。

步骤 01 首先按Ctrl+N组合键创建一个A3大小的空白文档，将其命名为"纯净水画册内页"，在"高级"区域中设置"颜色模式"为"CMYK"，出血的上、下、左、右均设置为3mm，如下左图所示。

步骤 02 选择矩形工具，绘制两个A4大小的矩形，如下右图所示。

步骤 03 嵌入一张冰山照片，调整大小和位置，然后按下Ctrl+[组合键将图片下移一层。选中上方的黑色矩形和图片，右击后选择"建立剪切蒙版"命令，如下左图所示。

步骤 04 选择椭圆工具，按住Shift键绘制三个正圆，分别调整大小和位置，使它们错落分布，效果如下右图所示。

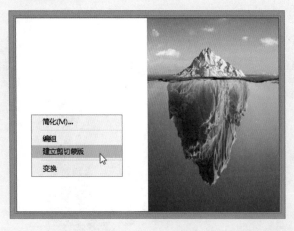

步骤 05 分别嵌入三张不同的图片文件，然后全选三张图片并按下Shift+Ctrl+[组合键，将它们置于底层。单独选中一张图片和一个小圆形，右击后选择"建立剪切蒙版"命令，如下页左图所示。

步骤 06 对另外两个圆形和图片重复建立剪切蒙版的操作，效果如下页右图所示。

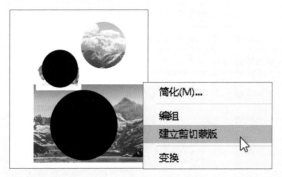

步骤 07 选择文字工具，输入"纯净水"文本。在"字符"面板的字体系列下拉列表中选择"段宁毛笔行书（完整版）"选项，并调整字体大小，如下左图所示。

步骤 08 填充C：98、M：83、Y：31、K：1的字体颜色，如下中图所示。调整后的效果如下右图所示。

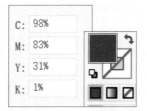

步骤 09 选择文字工具，输入宣传语，按下Enter键换行。使用空格工具使文字错落分开。在"字符"面板的字体系列下拉列表中选择合适的字体样式，然后调整字体大小和行距，并填充C：98、M：83、Y：31、K：1的字体颜色，如下左图所示。

步骤 10 选择矩形工具，绘制一个矩形，如下中图所示。使用区域文字工具创建区域文本，输入文字并调整文字的大小和样式，效果如下右图所示。

步骤 11 修改文字在"字符"面板中的相关设置，如下左图所示。

步骤 12 设置字体后的效果如下右图所示。

步骤13 使用矩形工具在画面空白处绘制一个矩形，如下左图所示。

步骤14 选择区域文字工具，单击创建区域路径，在区域内输入文字，效果如下右图所示。

步骤15 双击工具栏中的"颜色"面板，设置字体为C：98、M：83、Y：31、K：1的字体颜色，效果如下左图所示。

步骤16 在其"字符"面板中调整字体大小、行距和字间距，效果如下右图所示。

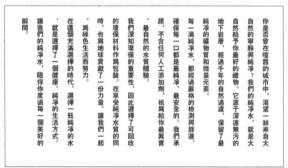

步骤17 单击属性栏中的"段落"按钮，在弹出的"段落"面板中单击"避头尾集"下拉按钮，在下拉列表中选择"严格"选项。再单击"标点挤压集"下拉按钮，在下拉列表中选择"行尾挤压半角"选项，如下左图所示。

步骤18 纯净水画册内页的最终效果如下右图所示。

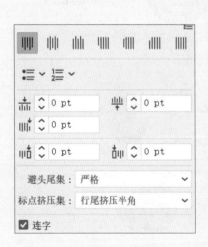

课后练习

一、选择题

（1）在Illustrator中，执行"窗口>文字"命令，在子菜单中选择（　　）命令可打开"字符"面板。

    A. 文字　　　　　　　　B. 字符样式　　　　　　C. 字形　　　　　　　　D. 字符

（2）执行"窗口>文字>段落"命令，或按（　　）组合键，可打开"段落"面板。

    A. Ctrl+T　　　　　　　　　　　　　　　B. Alt+Ctrl+T

    C. Shift+Ctrl+T　　　　　　　　　　　　D. Alt+T

（3）在"路径文字选项"对话框中，（　　）不属于路径文字效果。

    A. 3D带状效果　　　　B. 倾斜　　　　　　　C. 阶梯效果　　　　　D. 彩虹效果

（4）选中区域文本和形状，执行（　　）命令，可以创建串接文本。

    A."文字>串接文本>创建"　　　　　　　B."文字>创建串接文本"

    C."文字>串接文本"　　　　　　　　　　D."文字>创建串接"

二、填空题

（1）要将Word文档中的文本置入到Illustrator中，可以通过执行＿＿＿＿＿＿命令或按＿＿＿＿＿＿组合键打开"置入"对话框实现。

（2）打开"字符"面板，在＿＿＿＿＿＿数值框中输入角度值，即可旋转文字角度。

（3）在"文本绕排选项"对话框中，设置"位移"为＿＿＿＿＿＿时，文本与形状的距离变大；设置"位移"为＿＿＿＿＿＿时，文本与形状的距离变小。

（4）选中创建的点文本，执行＿＿＿＿＿＿命令或按＿＿＿＿＿＿组合键，可将文字转换为轮廓。

三、上机题

    下面我们将应用创建点文字、区域文字、编辑文字等功能，创建文本绕排的效果。原始图像如下左图所示。最终效果如下右图所示。

操作提示

① 使用钢笔工具沿着卡通形象外轮廓绘制形状。

② 选中绘制的路径和文本。

③ 执行"对象>文本绕排>建立"命令。

④ 将文字向卡通人物拖动，查看文本绕排的效果。

Ai 第7章　滤镜和效果

本章概述

在Illustrator中，应用效果功能，可以通过简单的设置，制作出令人赞叹的效果。本章主要介绍各种滤镜和效果的基本知识及应用方法。

核心知识点

❶ 掌握扭曲和变换效果的应用

❷ 掌握3D效果的应用

❸ 掌握风格化效果的应用

❹ 熟悉SVG滤镜效果的应用

7.1　效果

Illustrator中的效果功能主要用于矢量对象，但3D效果、SVG效果、变形效果、变换效果、扭曲和变换等效果也可应用于位图对象。

7.1.1　3D效果

3D效果可以为矢量图形创建三维效果，通过高光、旋转和投影等操作控制3D对象的外观，还可以控制3D场景中的光源。

（1）"凸出和斜角"效果

"凸出和斜角"效果可以沿对象的Z轴拉伸2D对象，增加对象的深度，从而创建3D的效果。选中要执行效果的2D对象，应用"凸出和斜角"效果后即可创建3D效果，如下左图所示。在菜单栏中执行"效果>3D和材质>凸出和斜角"命令，即可打开"3D和材质"面板，如下右图所示。

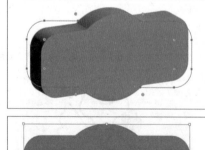

> **提示：3D的类型**
>
> 3D的类型包括平面、凸出、绕转和膨胀4种，能给图形添加不同的效果。

下面介绍"3D和材质"面板中各主要选项的功能和设置效果。

● **旋转-预设：** 在下拉列表中可以选择对象的旋转方式，在右侧数值框中能精确设置旋转角度，也可以直接用鼠标拖动对象中心轴任意旋转角度，效果如下左图所示。设置X轴旋转角度为0°、Y轴旋转角度为50°、Z轴旋转角度为30°，效果如下右图所示。

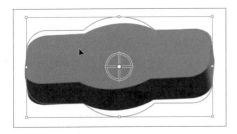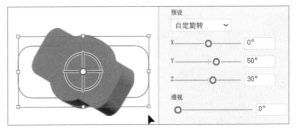

- **旋转-透视**：调整3D透视角度能使对象的立体感更加真实。用户可以在对应数值框中直接输入数值进行调整，透视角度介于0°～160°。下左图为对象透视角度为0°的效果，下右图为对象透视角度为160°的效果。

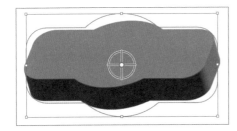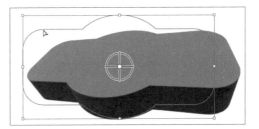

- **端点**：包括两个按钮，可以给3D图形添加空心或实心效果。下左图为原始图形，单击"开启端点以建立实心外观"按钮的效果如下中图所示，单击"关闭端点以建立空心外观"按钮的效果如下右图所示。

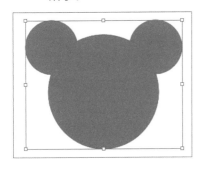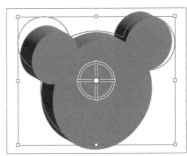

- **凸出-深度**：设置对象凸出的厚度，数值范围为0pt～705pt。
- **扭转**：扭转的角度为0°～360°，角度越大，扭转效果越明显。
- **锥度**：数值设置范围为1%～100%，数值越大，立体效果越明显。锥度数值为100%的效果如下左图所示。锥度数值为50%的效果如下右图所示。

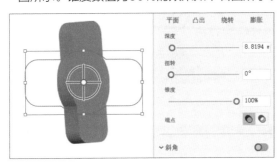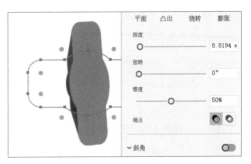

- **斜角：** 下左图为原始图形。单击"将斜角添加到凸出"开关按钮，效果如下中图所示。单击"从凸出删除斜角"开关按钮，效果如下右图所示。

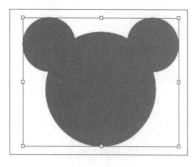  

（2）"绕转"效果

"绕转"效果可以围绕Y轴绕转一条路径或剖面，绕转轴是垂直固定的。选择绘制好的路径，如下左图所示。执行"效果>3D和材质>绕转"命令，即可打开"3D类型"面板，如下中图所示。设置相关参数后的效果如下右图所示。

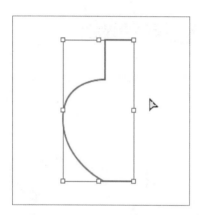 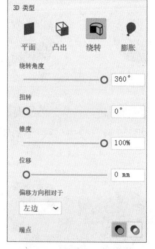 

下面介绍"3D类型"面板中各主要选项的功能和设置效果。

- **绕转角度：** 在数值框中输入角度值，即可调整绕转角度，范围为0°～360°。下左图是绕转角度为360°的效果，下右图是绕转角度为180°的效果。

- **位移：** 设置绕转轴与路径之间的距离，该值越高，对象偏离轴心就越远。下页左图是位移为5pt的效果，下页右图是位移为25pt的效果。

（3）"旋转"效果

"旋转"效果可以使三维空间中的对象旋转，从而模拟出透视的效果。选中对象，执行"效果>3D和材质>旋转"命令，打开"3D和材质"面板，在下方的"旋转"选项区域中设置参数，即可达到图像在立体空间旋转的扁平效果，如下图所示。

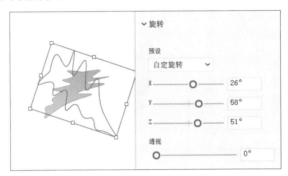

7.1.2 "SVG滤镜"效果

"SVG滤镜"效果是将图像描述为形状、路径、文本和滤镜效果的矢量格式。要应用该滤镜，则先选中想要添加滤镜的对象，执行"效果>SVG滤镜"命令，然后在子菜单中选择需要应用的滤镜效果，如下左图所示。

或者执行"效果>SVG滤镜>应用SVG效果"命令，打开"应用SVG滤镜"对话框，在列表框中选择滤镜选项，然后单击"确定"按钮，即可为对象添加滤镜效果，如下右图所示。

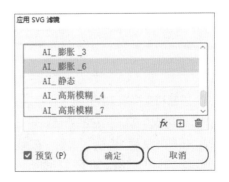

7.1.3 "变形"效果

"变形"效果可以改变对象的外观形状，但不是永久变形，可以执行修改或删除操作。选中需要变形的对象，执行"效果>变形"命令，子菜单中包含15种变形效果，用户可以根据需要选择，这里选择"旗形"变形效果，如下左图所示。在弹出的"变形选项"对话框中，可以对旗形变形效果的参数进行设置，如下右图所示。

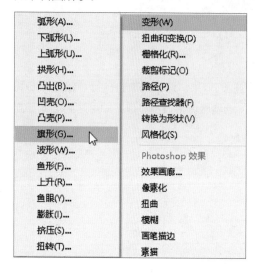
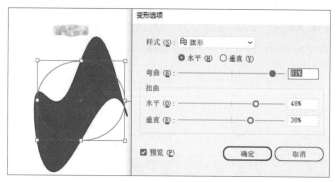

7.1.4 "扭曲和变换"效果

使用"扭曲和变换"效果可以对路径、文本以及位图等对象进行预定义的扭曲和变换操作。该效果组中的效果也不是永久的，可以随时修改或删除。"扭曲和变换"效果组提供了"变换""扭拧""扭转""收缩和膨胀""波纹效果""粗糙化""自由扭曲"7种特效。下面通过相关操作来具体介绍。

执行"效果>扭曲和变换"命令，在子菜单中选择"扭拧"效果选项并设置各项参数，如下左图所示。

执行"效果>扭曲和变换>收缩和膨胀"命令，设置收缩和膨胀的数值为100%，效果如下右图所示。

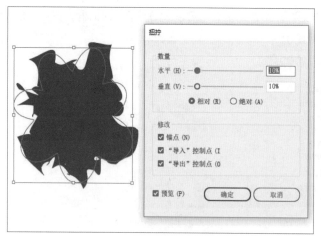
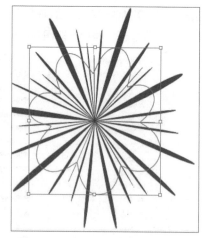

执行"效果>扭曲和变换>自由扭曲"命令，在弹出的"自由扭曲"对话框中，用鼠标拖动对象的锚点可以自由变换对象的外观，如下页左图所示。

执行"效果>扭曲和变换>变换"命令，在弹出的"变换效果"对话框中，设置"缩放"区域中"水平"方向和"垂直"方向的数值，如下页右图所示。可以得到不同的变换效果。

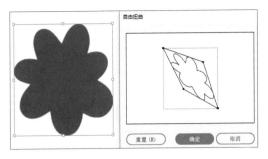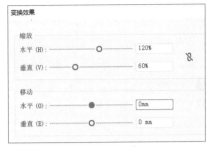

执行"效果>扭曲和变换>扭转"命令，在弹出的"扭转"对话框中可以设置扭转的"角度"值，如下图所示。

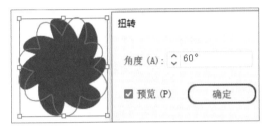

此外，应用"粗糙化"效果，可将矢量对象路径变形为各种大小的尖峰和凹谷锯齿数组。"粗糙化"对话框中的"细节"用于定义粗糙化细节每英寸出现的数量。选择对话框中的"尖锐"单选按钮，粗糙化程度将加大；选择对话框中的"平滑"单选按钮，粗糙化程度则减小。

执行"效果>扭曲和变换>粗糙化"命令，在弹出的"粗糙化"对话框中设置"选项"区域的"大小"为100%、"细节"为100，效果如下左图所示。设置"大小"为10%、"细节"为10，效果如下右图所示。

应用"波纹效果"可将矢量对象路径变为大小相同的锯齿和波形数组。"波纹效果"对话框中的"细节"用于定义粗糙化细节每英寸出现的数量。选择对话框中的"尖锐"单选按钮，能使波纹效果尖锐；选择对话框中的"平滑"单选按钮，能使波纹效果平滑。

执行"效果>扭曲和变换>波纹效果"命令，在弹出"波纹效果"对话框中，设置"选项"区域的"大小"为35.28mm、"每段的隆起数"为100，效果如下左图所示。设置"大小"为1%、"每段的隆起数"为10，效果如下右图所示。

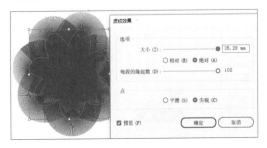

实战练习 制作立体膨胀风图像效果

通过本节内容的学习，用户了解了滤镜和效果的基础知识和应用，本案例将通过使用3D效果组中的收缩和膨胀效果，制作出立体膨胀风效果的图像。下面介绍具体操作步骤。

步骤 01 首先创建一个空白文档，参数设置如下左图和下中图所示。

步骤 02 使用矩形工具绘制一个画板大小的矩形，并将其颜色填充为淡紫色。然后绘制一个白色矩形，如下右图所示。

步骤 03 使用直接选择工具选中白色矩形上方的锚点，向内拖动圆点，直到两个圆点重合，如下左图所示。

步骤 04 使用椭圆工具绘制一个椭圆并填充为粉红色，按下Ctrl+C组合键和Ctrl+F组合键执行复制操作，将光标移到复制椭圆的选框上，通过旋转来调整角度，如下右图所示。

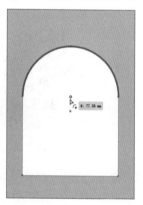
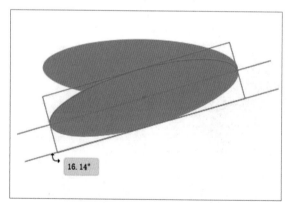

步骤 05 执行"窗口>路径查找器"命令，在弹出的"路径查找器"面板中选中两个椭圆，单击"联集"按钮将它们合并，制作出一个花瓣形状，如下左图所示。

步骤 06 选择旋转工具，按下Alt键并拖动中心锚点到旋转中心位置，在弹出的"旋转"对话框中设置旋转区域中的"角度"为60°，如下右图所示。

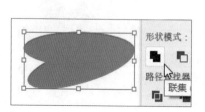

步骤07 单击"复制"按钮，会出现一个旋转角度为60°的复制好的花瓣形状，效果如下左图所示。

步骤08 按下Ctrl+C组合键和Ctrl+D组合键重复复制花瓣，直到复制的花瓣能组合成一朵完整的花，效果如下右图所示。

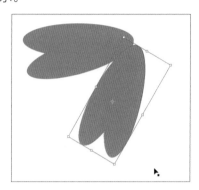 

步骤09 按住Shift键将花瓣全选，单击"路径查找器"面板中的"联集"按钮，将它们合并成一朵花，效果如下左图所示。

步骤10 使用椭圆工具和矩形工具绘制花蕊形状，并结合旋转工具和"路径查找器"面板合并形状，制作出花蕊，效果如下右图所示。

步骤11 使用钢笔工具绘制叶子和花茎并分别填充为浅绿色和浅黄色，效果如下左图所示。

步骤12 使用星形工具绘制一个星形，单击该星形，弹出"星形"对话框，在对话框中设置"角点数"为4，如下中图所示。复制星形并调整大小，将所有星形置于合适的位置，效果如下右图所示。

步骤13 使用文字工具输入下左图中的文本并设置填充颜色为白色。

步骤14 选中所有形状，按下Ctrl+G组合键将它们编组。然后执行"效果>3D和材质>膨胀"命令，如下右图所示。

 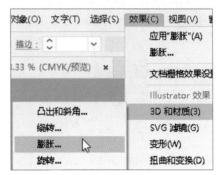

步骤15 在"3D和材质"面板中设置"深度"为300mm，如下左图所示。

步骤16 在"材质"选项卡下选择"基本材质"中的"默认"，如下右图所示。

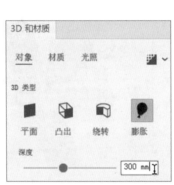 

步骤17 在"光照"选项卡下选择"预设"中的"标准"，如下左图所示。在其下方"颜色"面板中设置各项参数，如下中图所示。

步骤18 选中膨胀好的对象，在"3D和材质"面板中单击"渲染设置"下拉按钮，然后打开"光线追踪"开关按钮对物体进行光线追踪，再单击"渲染"按钮渲染对象，给图像添加亮光效果，最终效果如下右图所示。

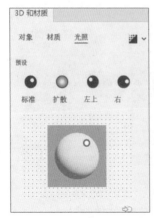 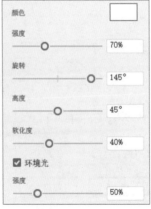 

7.2 风格化

在Illustrator中，风格化效果可以为对象添加内发光、外发光、投影、羽化等外观样式。执行"效果>风格化"命令，即可设置风格化效果。

7.2.1 内发光和外发光效果

执行"内发光"或"外发光"命令，可以模拟在对象内部或边缘发光的效果。两者设置的参数相同。

下面以"内发光"为例介绍其应用方法。选择需要设置内发光的对象，打开"内发光"对话框，设置发光的颜色和模糊的数值，选择"中心"单选按钮，单击"确定"按钮，可见对象的内部出现红色的发光效果，如下左图所示。选择"边缘"单选按钮，单击"确定"按钮，可见对象的边缘出现红色的发光效果，如下右图所示。

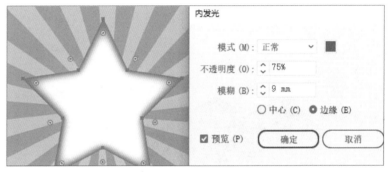

下面介绍"内发光"和"外发光"对话框中各主要选项的功能和设置效果。

- **模式**：设置发光的混合模式，包含正片叠底、滤色、颜色减淡等10多种模式选项。
- **不透明度**：设置发光效果的不透明度。
- **模糊**：设置发光效果的模糊范围。
- **中心/边缘**：设置对象发光的位置。

7.2.2 圆角效果

圆角效果能将对象的边角控制点转换为平滑的曲线，用户可以根据需要设置曲线的半径。要应用圆角效果，首先选择需要设置圆角效果的对象，如下左图所示。打开"圆角"对话框，可以在对话框中修改圆角的"半径"值，如下右图所示。

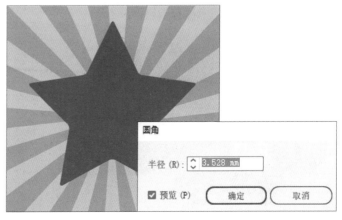

7.2.3　涂抹效果

涂抹效果也是常用的效果之一。用户可以执行"效果>风格化>涂抹"命令，在打开的"涂抹选项"对话框中设置涂抹效果，如右图所示。该对话框包含的参数比较多，用户可根据需要进行设置。涂抹效果可以将对象的填充颜色和线条转换成手绘或涂抹的效果。

原始图像如下左图所示。添加涂抹效果后，对象效果如下右图所示。

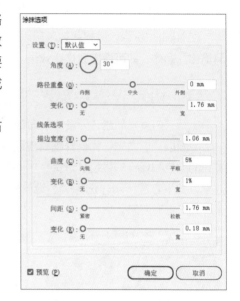

7.2.4　羽化效果

风格化效果还包括羽化外观样式，羽化效果可以使图形边缘虚化。选择对象，执行"效果>风格化>羽化"命令，打开"羽化"对话框，即可设置羽化的"半径"值。下左图为原始图像，下右图为羽化后的图像效果。

知识延伸：像素化效果

像素化效果包含彩色半调、晶格化、点状化和铜板雕刻4种艺术效果，这些效果通过给图片添加细节和纹理，使图片达到丰富美观的效果。下面对常用的几种像素化效果的应用进行介绍。

下左图为原始图片。执行"效果>像素化>彩色半调"命令，在弹出的"彩色半调"对话框中设置"最大半径"为100像素，效果如下右图所示。

为原图执行"效果>像素化>铜板雕刻"命令，在弹出的"铜板雕刻"对话框中，可以看到"类型"下拉列表中有10种类型选项，每种类型都能产生不同的效果。这里设置"类型"为"粗网点"，如下左图所示。图片的粗网点铜板雕刻效果如下右图所示。

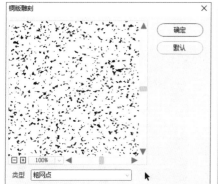

为原图执行"效果>像素化>点状化"命令，在弹出的"点状化"对话框中可以设置"单元格大小"的值。这里设置"单元格大小"为36pt，如下左图所示。图片的点状化效果如下右图所示。

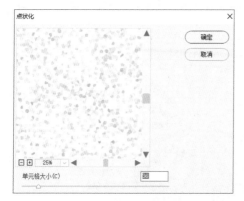

上机实训：制作促销KT板

扫码看视频

通过本章内容的学习，用户应该掌握了滤镜和效果的基础知识与应用技巧。本案例将通过促销KT板的制作过程，对所学知识进行巩固，具体操作步骤如下。

步骤01 执行"文件>新建"命令，打开"新建"对话框，在文本框中输入"促销KT板"，设置"宽度"为450mm、"高度"为300mm，单击"创建"按钮，如下左图和下中图所示。

步骤02 使用矩形工具绘制与画板同等大小的矩形，在"颜色"面板中设置描边填色为无和C：0、M：50、Y：80、K：0的填色，效果如下右图所示。

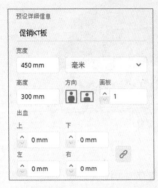

步骤03 使用钢笔工具绘制下左图的图形对象，在"颜色"面板中将填色设置为白色。

步骤04 执行"效果>扭曲和变换>变换"命令，打开"变换效果"对话框，在"旋转"选项区域设置"角度"为20°，在"选项"选项区域设置"副本"为17，单击"确定"按钮，如下中图所示。设置后的效果如下右图所示。

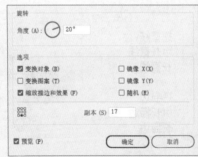

步骤05 使用选择工具选中绘制好的图形对象，然后调整其形状，如下左图所示。

步骤06 使用矩形工具绘制与画板同等大小的矩形，并使用选择工具选中矩形和先前创建的图形对象，右击并选择"建立剪切蒙版"命令，效果如下右图所示。

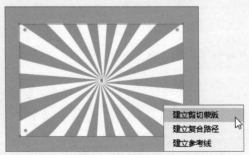

步骤 07 在其"透明度"面板中设置混合模式为"柔光",如下左图所示。

步骤 08 选择文字工具,在画板中单击,在"字符"面板中设置字体系列为"华文琥珀"、字体大小为500pt,在"颜色"面板中设置填充颜色为C:16、M:6、Y:0、K:0,然后输入文字内容,效果如下右图所示。

步骤 09 使用钢笔工具在画板中绘制三角形,在其"颜色"面板中设置C:60、M:0、Y:0、K:0,效果如下左图所示。

步骤 10 重复**步骤 09**,复制任意方向的三角形并在"颜色"面板中调整颜色,然后使用选择工具选中全部三角形,按下Ctrl+G组合键进行编组,效果如下右图所示。

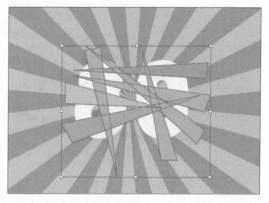

步骤 11 选中文字并按下Ctrl+C组合键和Ctrl+F组合键复制一层文字,再按下Ctrl+Shift+]组合键将文字置于顶层,效果如下左图所示。

步骤 12 选中顶层的文字对象和三角形图形组,右击并选择"建立剪切蒙版"命令,效果如下右图所示。

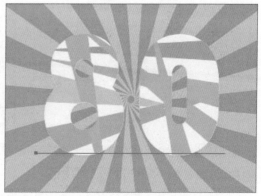

步骤13 使用选择工具选中建立蒙版后的对象和其下方的文字，按下Ctrl+G组合键进行编组。执行"效果>扭曲和变换>自由扭曲"命令，打开"自由扭曲"对话框，设置扭曲效果，然后单击"确定"按钮，如下左图所示。

步骤14 执行"效果>风格化>投影"命令，打开"投影"对话框，设置"X位移"为12mm、"Y位移"为5mm、"模糊"为0mm，然后单击"确定"按钮，如下右图所示。

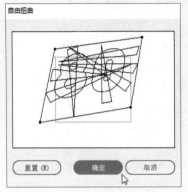

步骤15 设置投影后的效果如下左图所示。

步骤16 在"图层"面板中锁定"图层1"，单击"创建新图层"按钮来新建"图层2"，然后使用钢笔工具根据投影绘制形状，"图层"面板如下右图所示。

步骤17 全选绘制的形状并按下Ctrl+G组合键编组，双击渐变工具，在弹出的"渐变"面板中单击渐变填色框，设置角度为-120°，给绘制的形状填充渐变色，"渐变"面板中的参数设置如下左图所示。设置后的效果如下右图所示。

步骤18 全选字体和绘制的形状，按下Ctrl+G组合键将它们编组。使用矩形工具绘制一个矩形，填充渐变颜色为粉紫色，效果如下页左图所示。

步骤19 使用倾斜工具倾斜角度，效果如下页右图所示。

 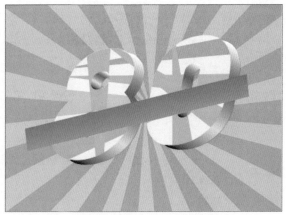

步骤20 使用钢笔工具沿着数字的轮廓绘制直线和曲线，然后将线条和曲线全选，如下左图所示。

步骤21 执行"窗口>路径查找器"命令，在弹出的"路径查找器"面板中单击"分割"按钮，将对象取消编组，然后调整位置，如下中图所示。

步骤22 使用文字工具输入下右图的文字并调整角度。

步骤23 使用矩形工具绘制几个矩形，使用倾斜工具倾斜矩形的角度，再添加一些文字装饰，如下左图所示。

步骤24 将设计的促销KT板应用到具体场景中，效果如下右图所示。

课后练习

一、选择题

（1）在Illustrator中，使用（　　）效果可以将图形转换成各种样式的草图或手绘涂抹效果。

  A. 像素化   B. 模糊

  C. 涂抹   D. 风格化

（2）（　　）效果可以围绕Y轴绕转一条路径或剖面。

  A. 绕转   B. 扭拧

  C. 旋转   D. 扭转

（3）在"风格化"效果组中不包含（　　）效果。

  A. 内发光   B. 波纹

  C. 圆角   D. 涂抹

（4）在"收缩和膨胀"效果中，打开（　　）开关按钮可以给物体添加亮光效果。

  A. 光线追踪   B. 波纹效果

  C. 风格化   D. 扭拧

二、填空题

（1）使用＿＿＿＿＿＿效果能够旋转对象，使得以对象的变化规律为中心的旋转程度比边缘的旋转程度大。

（2）＿＿＿＿＿＿效果可以使图形边缘虚化，产生过渡的效果。

（3）＿＿＿＿＿＿效果可以将对象的路径变为大小一样的锯齿和波形数组。

三、上机题

  根据本章所学内容，应用外发光效果制作发光字效果，下左图为添加发光效果前，下右图为最终效果。

操作提示

① 使用矩形工具创建矩形，执行"偏移路径"命令并给矩形填充颜色。

② 使用文字工具输入横排文字，按下Enter键换行。

③ 执行"效果>风格化>外发光"命令。

④ 在"外发光"对话框中设置发光效果的各项参数。

第二部分
综合案例篇

学习了Illustrator的几何形状和路径、图层和蒙版、文字和排版、滤镜和效果的相关知识后，在综合案例篇，将通过实际操作项目，如名片、海报、折页、书籍装帧等，让用户可以灵活运用所学知识，达到融会贯通的效果。

Ai 第8章 名片设计

本章概述

通过名片可以直观地向他人推销自己或者推销企业，名片不仅能传达个人信息，更能体现企业形象。本章将详细介绍如何设计具有识别性的名片。

核心知识点

❶ 了解名片的应用领域和设计要素
❷ 熟悉名片的印刷工艺和常用规格
❸ 掌握名片的设计流程
❹ 熟练应用矩形工具

扫码看视频

8.1 名片介绍

名片是人与人之间相互认识的最快最有效的方式。在现代商业来往以及个人交际过程中，精良美观的名片不仅有自我介绍的功能，也能表达企业形象。本节将对名片的应用领域和设计要素进行介绍。

8.1.1 名片的应用领域

名片作为传达信息的载体，在各个领域中都不可或缺。在进行名片设计时，我们可以先将名片的应用领域进行分类，明确设计方向。下面对名片的主要应用领域进行介绍。

（1）机关领域

这类名片一般应用于政府机关、科研院所、学校等机构，为政府或社会团体对外社交时使用，不以营利为目的。机关名片的特点为：常使用的标志部分印有对外服务范围，版式上力求简单实用，注重个人职务，名片内无私人信息，主要用于对外交往。如下左图所示。

（2）商业领域

这类名片一般服务于公司或企业，大多以营利为目的，名片的内容一般包含标志、注册商标以及企业业务范围。商业名片的特点为：版式力求简洁，商务感较强。如下中图所示。

（3）个人领域

这类名片用于向外界或朋友展示自我、交流感情、结识新朋友，常印有个人照片、爱好和职业，名片中含有私人信息。个人名片的特点为：不使用标志，设计个性化。如下右图所示。

8.1.2 名片的设计要素

想要设计出一款优秀的名片，除了需要充分了解客户的需求，还应该对名片的设计定位、构成要素和版式设计等进行了解。

（1）设计定位

设计一款名片，首先要对其进行设计定位，以设计定位为出发点，才能更加准确地设计出适合名片持有者的名片。

一般来说，职业名片需要先和公司的形象、业务、风格相匹配，然后再构思设计风格、结构、色彩搭配等。私人名片则彰显个性和趣味性，以个人爱好为主。

（2）构成要素

名片在设计上除了要具备审美价值，更重要的是传达名片使用者的信息和体现个人形象。名片的构成要素分为以下几个方面。

- **文本信息：**包含名片持有者的姓名、电话、企业单位和职务等信息。
- **图案设计：**使用具有特色的图案、线条或几何形状等。
- **标识标志：**在商业领域中，名片中的元素需要和企业的标志、标准色、标准字等一致，使其成为企业整体形象的一部分。
- **色彩搭配：**设计前要确定名片的基本配色，确定选择中性色调还是绚丽的彩色系，确定主色和辅色的组合形式。

确定以上4种要素之后，要将相应的信息进行设计编排，使名片具有精美的视觉效果和实用性。

（3）排版校对

名片的版式有横版名片、竖版名片、折卡名片等。横版名片以宽边为底、窄边为高，是目前使用最普遍的排版方式。竖版名片以窄边为底、宽边为高，因其排版具有特色，开始被越来越多的人使用。折卡名片为可折叠的名片，比正常名片多出一倍的信息展示空间，一般应用于餐饮业。用户可以根据自己的需要选择合适的版式。

> **提示：名片的出血**
>
> 设计好名片之后，需要对所有内容进行校对，并检查出血的预留是否足够，以免印刷时图案或文字被裁掉。一般预留3mm的出血。

8.2 名片的印刷工艺和常用规格

为了使名片的效果更好，常会使用不同的印刷工艺来达到最佳视觉效果。本小节将对名片的印刷工艺和常用规格进行介绍。

8.2.1 名片的印刷工艺

名片的档次取决于纸张和印刷工艺的选择，名片的印刷工艺多种多样，常见的印刷工艺有上光、压纹、烫金/烫银、轧型、磨砂名片等。

（1）上光

上光可以增强名片的美观性，让名片更加精致，效果如下左图所示。常用的上光材料有普通树脂、涂塑胶油（PVA）、裱塑胶膜（PP或PVC）和裱消光塑胶膜等。

（2）压纹

压纹是在纸面上压出凹凸纹饰，以增加其表面的触觉效果，效果如下右图所示。压纹工艺在印刷名片上的徽标时使用较多。

（3）烫金/烫银

可以加强名片的视觉效果，是把文字或纹样以印模加热的方式压上金箔、银箔等材料，形成金、银等特殊光泽的印刷工艺，效果如下左图所示。名片烫金或烫银后，颜色鲜亮，视觉效果更佳。

（4）轧型

轧型即为打模，以钢模刀将名片切成不规则的造型，一般不用于常规版式。

（5）磨砂

该印刷工艺使用丝网印刷，并使用专用的无色或彩色UV油墨，印刷后通过UV光固机进行固化，效果如下右图所示。

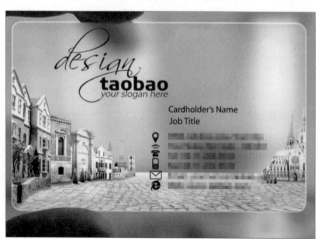

8.2.2 名片的常用规格

名片的规格并没有国际标准尺寸或绝对的大小要求，但名片是一种交流工具，为了名片大小的一致性以及印刷加工的便利性，在设计时通常都会遵循一个规范。目前的名片尺寸有以下几种。

（1）名片的标准尺寸

中式标准尺寸为90mm×54mm，如下左图所示。美式标准尺寸为90mm×50mm，如下中图所示。欧式标准尺寸为85mm×54mm。而窄式标准尺寸为90mm×110mm，如下右图所示。

（2）折卡名片标准尺寸

当名片需要展示的信息过多时，一般使用折卡名片。中式折卡名片的标准尺寸为90mm×95mm，西式折卡名片的标准尺寸为90mm×110mm。

8.3 商务风名片设计

通过前面知识的学习，相信用户应该对名片设计有了一定的认识。下面将以商务风名片的设计为例，展示名片的制作过程。

8.3.1 设计企业徽标

名片中的徽标是企业整体形象的一部分，本案例中将使用代表商务风的天蓝色和灰色为主体配色，使用几何图形结合形状生成器工具来绘制企业的徽标，具体操作步骤如下。

步骤 01 首先执行"文件>新建"命令，在弹出的"新建文档"对话框中对创建文档的参数进行设置，然后单击"创建"按钮，如右两图所示。

步骤 02 选择工具栏中的矩形工具，在"属性"面板中设置对象的宽度和高度分别为58mm和90mm，如下左图所示。然后绘制一个画板大小的矩形。

步骤 03 选择椭圆工具并按住Shift键绘制一个正圆，在"颜色"面板中填充正圆的颜色为天蓝色，效果如下中图所示。

步骤 04 按下Ctrl+C组合键和Ctrl+F组合键复制一个正圆，按Ctrl+Shift+Alt组合键将复制好的正圆向圆心缩小，为了方便观看给它填充黄色，效果如下右图所示。

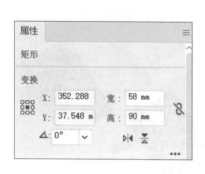 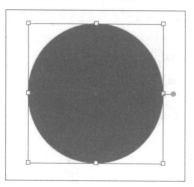 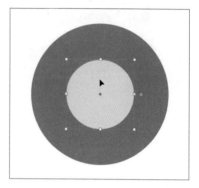

步骤 05 使用矩形工具绘制一个矩形，矩形的宽度和大圆小圆之间的距离保持一致，效果如下左图所示。

步骤 06 按住Alt键并水平拖动鼠标，复制一个矩形，将其放在 步骤 05 中绘制的矩形右边，将其填充为红色，如下右图所示。

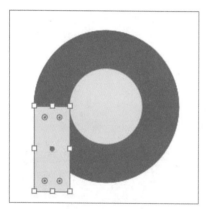 

步骤 07 使用选择工具选中圆形和矩形。选择形状生成器工具并按住Alt键，效果如下左图所示。

步骤 08 将光标移到图形上单击或滑动，减去需要删除的部分，效果如下右图所示。

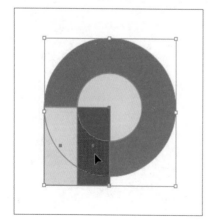 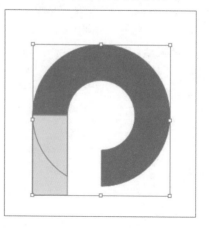

步骤09 松开Alt键，使用光标在图形上滑动并合并形状，效果如下左图所示。

步骤10 单击选择工具后在图形上右击，执行"变换>镜像"命令，在弹出的"镜像"对话框中选择"垂直"单选按钮，然后单击"复制"按钮，如下中图所示。镜像后的效果如下右图所示。

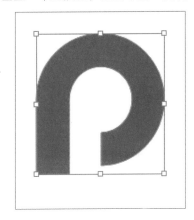

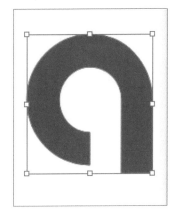

步骤11 选中复制好的形状并将其逆时针旋转270°，效果如下左图所示。

步骤12 按住Sift键的同时将复制的形状水平移动到合适的位置，并分别为两个形状填充灰色和蓝色，效果如下右图所示。

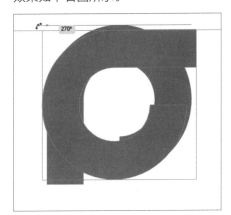
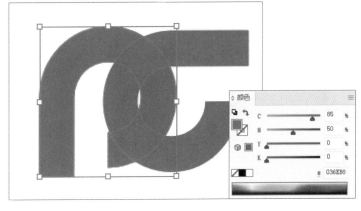

步骤13 在"颜色"面板中设置填充颜色为灰色，选择实时上色工具，单击其中一块重合的形状，将其填充为灰色，如下左图所示。

步骤14 在"颜色"面板中设置填充颜色为比主体颜色更深的灰色，然后使用钢笔工具绘制穿插部分的阴影形状，如下右图所示。

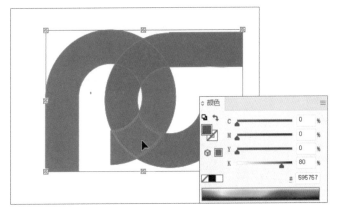
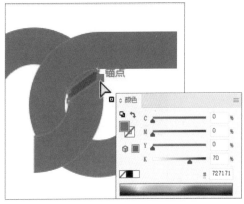

步骤15 按住Alt键调整线条的阴影形状弧度，效果如下左图所示。

步骤16 在"颜色"面板中设置填充颜色为比主体更深的蓝色，使用钢笔工具绘制并调整形状，效果如下右图所示。这样，一个简约大方的徽标就制作好了。

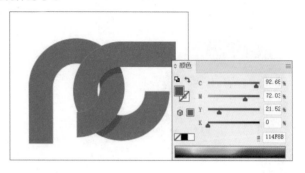

8.3.2 图案设计和色彩搭配

名片整体应与企业的徽标使用相同的配色，下面我们将对名片进行其他的图案设计和色彩搭配，具体步骤如下。

步骤01 按下Ctrl+G组合键将徽标编组。使用矩形工具绘制三个大小不一的矩形，并分别填充为蓝色和灰色，效果如下左图所示。

步骤02 选择直接选择工具，单击矩形右下方的锚点，按住Shift键的同时将其向左拖动，效果如下右图所示。

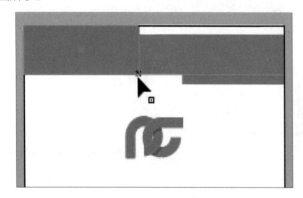
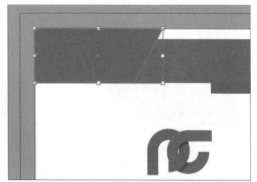

步骤03 使用钢笔工具绘制三角形阴影，在"颜色"面板中设置填充颜色为更深的灰色，效果如下左图所示。

步骤04 使用矩形工具绘制矩形。然后选择吸管工具，吸取徽标阴影处的深蓝色，如下右图所示。

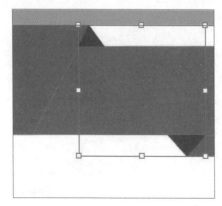
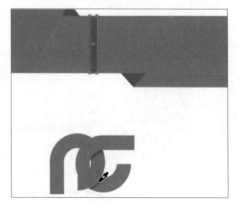

步骤 05 选中矩形，右击，执行"变换>倾斜"命令，在弹出的"倾斜"对话框中设置"倾斜角度"为25°，单击"确定"按钮，如下左图所示。

步骤 06 按住Alt键并水平拖动复制一个倾斜的形状，按下Ctrl+C组合键和Ctrl+D组合键重复复制这三个形状来装饰画面，效果如下右图所示。

步骤 07 按下Ctrl+G组合键将上方形状编组。按住Alt键向下复制一层，使用直接选择工具选中不需要的部分并删除，使用选择工具调整大小和形状，效果如下左图所示。

步骤 08 选择文字工具，在徽标下方输入公司中英文的名称，根据版面设置字体系列为"方正粗宋简体"，设置中文字号为10pt，设置英文字号为6pt。选中徽标和字体将它们居中排版，效果如下右图所示。

8.3.3　输入文本信息

文本信息包含名片持有者的姓名、电话、企业单位和职务等信息，能传达名片使用者的信息和体现个人形象及企业形象。下面将为名片添加文本信息，具体操作步骤如下。

步骤 01 使用文字工具在名片右上方输入公司的标语，设置合适的字体后，设置中文字号为8pt，设置英文字号为5pt。选中两行字体并居中对齐，如下页左图所示。

步骤 02 使用矩形工具绘制一个矩形并填充为蓝色。选择文字工具，在蓝色矩形中输入职务文本，效果如下页右图所示。

步骤 03 在职务下方输入职员姓名文本，设置合适的字体，设置中文姓名字号为12pt，英文姓名字号为5pt，将所选字符的字距调整为100pt，将中文姓名的颜色填充为灰色，将符号和英文姓名填充为蓝色，如下左图所示。

步骤 04 输入电话、邮箱和公司地址的文本，设置合适的字体，设置字号为6.9pt，设置行距为18.7pt，设置所选字符间距为47pt，设置填充颜色为黑色，效果如下右图所示。

步骤 05 拖入图标素材装饰文字。在"属性"面板中，单击"对齐"面板下方的"更多选项"按钮，将图标水平居中对齐和垂直居中分布，效果如下页左图所示。

步骤 06 单击画板工具，在其属性栏中单击"新建画板"按钮新建画板2，如下页右图所示。

步骤 07 使用选择工具全选画板1的名片正面内容,按住Alt键复制到画板2上并与画板2对齐。删除多余的部分,将徽标和企业名称置于名片中上方,效果如下左图所示。

步骤 08 选中名片顶部和底部的图案内容,右击并执行"变换>镜像"命令,在弹出的"镜像"对话框中选择"垂直"单选按钮,单击"确定"按钮,效果如下右图所示。

提示:名片的正面和反面

　　商务名片的正面应包含最重要的信息,如姓名、公司名称、职位头衔、联系方式(邮箱、电话等)和企业徽标等。反面则为正面元素的延伸,包括徽标等元素,版面要注意与正面相协调。

步骤 09 将白色矩形背景调整到出血框大小。按下Ctrl+A组合键全选所有对象,按下Ctrl+Shift+O组合键为所有文字创建轮廓,这样发给印刷厂印刷时,字体就不会发生变化,效果如下页图所示。

步骤10 使用直接选择工具和选择工具调整顶端和底端的图案到出血框位置，效果如下图所示。

步骤11 至此，整个名片的制作全部完成，最终效果如下图所示。

第9章 折页设计

本章概述

　　折页设计常用于市场上的活动宣传，如促销、赛事、培训等，它可以被分发给潜在客户或通过邮件寄送给现有客户，能有效地传达信息。本章将详细介绍如何设计一款三折页。

核心知识点

❶ 认识折页
❷ 了解折页的组成元素
❸ 掌握折页的设计技巧
❹ 熟练应用文字排版工具

扫码看视频

9.1　折页介绍

　　折页设计是指将单张纸通过不同的折叠方式形成印刷品的设计过程。这种设计广泛应用于企业产品宣传领域，以宣传册（页）、宣传单、说明书等形式呈现。折页设计的特点包括精美的印刷品质、丰富的信息量、类书籍（封面、封底）的展示空间以及低廉的制作成本。

9.1.1　折页的分类

　　按照规格与工艺划分，折页设计可分为单页、两折页、三折页、封套等多种类型，每种类型的尺寸也有所不同，例如单页尺寸为210mm×285mm、两折页尺寸为420mm×285mm等。以下是关于常用折页的分类。

　　（1）单页

　　单页是指未经折叠的原始页面，是构成折页印刷品的基础单元，标准尺寸通常为210mm×285mm。与两折页、三折页等相比，单页不进行折叠，因此内容展示更加直接和简洁，如下左图所示。

　　（2）二折页

　　二折页是将一张单页纸折叠一次后形成的，通常形成两个相等的部分，即两个内页和两个外页（包含封面）。二折页常见的尺寸与单页印刷品相似，如A4、A5等，页数通常为4页（双面印刷时为两页内容，折叠后形成4个面）。如下右图所示。

（3）三折页

三折页是一种宣传册的设计方式，是将纸张平均分成三份后折叠而成的小册子。三折页结构节省了空间，更加方便携带，同时内容也更丰富，版式结构更紧凑。如右图所示。

除了以上三种折页类型，还有四折页、五折页、六折页等，它们统称为多折页。

9.1.2　折页的设计要素

要设计出让顾客满意的折页，需要在折页的基本版式设计上下功夫，还需要掌握设计的技巧。下面将进行具体介绍。

（1）折页的版式设计

● **主视觉**：在常规情况下，折页的主视觉会出现在封面和折中部位（即折页展开的中部）。所谓主视觉，就是物料中主要的视觉部分，承担和受众首先沟通的作用，正常情况下以图画形式出现。

● **标题**：标题是整个广告画面的灵魂和精髓，一直伴随在主视觉左右。标题的应用要遵循美观的原则。

● **正文**：正文部分是对产品的详尽介绍，需要符合大部分人的阅读习惯和审美，要做到细致、有规则。有些创意物料需要文字辅助表现时，会出现图文混排，或者将文字作为图形来编排的情况。

（2）设计技巧

● **颜色**：折页设计有两类颜色选择。一类是选择明亮的色彩，明亮的色彩可以迅速吸引人的注意力，使用明亮的色彩是衬托产品的好方法。另一类是黑白经典配色，黑白配色经典且永恒，适用于各种品牌调性。

● **设计和排版**：在两个页面上使用跨页设计，能增加趣味性和连贯性。使用纵向文字排版，能使文字内容更加清晰易读。

● **元素放大**：放大某些元素，如字体或图形，可以形成视觉焦点。

● **增加插画元素**：插画可以极大增加折页的趣味性和视觉吸引力。

掌握以上技巧之后再对折页进行设计编排，可以达到版式精美、快速传达信息的目的。

（3）折页方式

● **平行折页法**：多用于折叠长条形的印刷品设计，包括包心折页法、扇形折页法等。右图中为扇形折页法。

● **特殊折页法**：特殊折页法包括异形折页法、镂空折页法，下页左图为异形折页法，下页右图为镂空折页法。

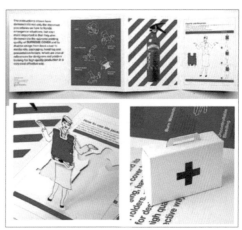

- **垂直折页法：**是最普遍的折页方法，主要用于书刊内页设计。
- **混合折页法：**结合了平行折页和垂直折页，适用于复杂的多页设计。

综上所述，折页设计是一个涵盖多种折叠方式、设计原则和技巧的综合性设计过程，旨在通过精美的印刷品传达丰富的信息，并吸引目标受众的注意力。

9.2　三折页制作

为了设计一款思路清晰、主题明确的三折页，我们要先规划好折页的版式设计，再辅以技巧进行制作。本案例将以一个鲜花店为主题设计一款三折页，下面介绍操作步骤。

9.2.1　三折页的封面设计

三折页的正面通常是封面，也称为外页。折页的主视觉会出现在封面和折中部位，所以这一面往往设计得较为精美，用于吸引目标受众的注意力。

步骤 01 首先在Illustrator中执行"文件>新建"命令，新建空白文档，参数设置如下左图所示。

步骤 02 选择矩形工具绘制出血框大小的矩形，宽和高的尺寸为303mm和216mm，在"颜色"色板中设置C：30、M：15、Y：70、K：0的填充颜色，效果如下右图所示。

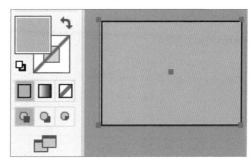

步骤 03 鼠标右键单击空白处，在弹出的快捷菜单中选择"显示标尺"命令，如下左图所示。

步骤 04 使用矩形工具在版面左边和右边各绘制宽和高为102mm和216mm的矩形，沿着矩形边缘拉出参考线，将折页版面分成三份以方便排版，效果如下右图所示。

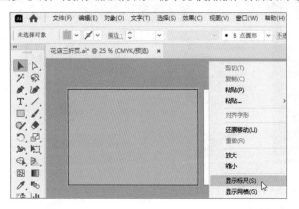
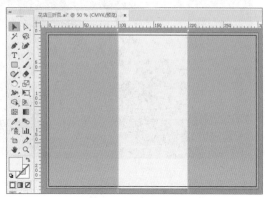

步骤 05 使用文字工具输入店铺名称。使用钢笔工具并结合Alt键绘制出花瓣的形状，填充颜色为白色。再绘制花托的形状，设置填充颜色为C：80、M：50、Y：100、K：0，效果如下左图所示。

步骤 06 使用矩形工具在版面中绘制一个矩形，使用直接选择工具选中上方两个锚点的中心点并向矩形中心拖动，效果如下右图所示。

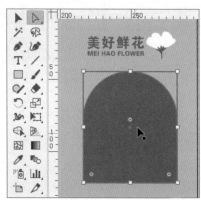

步骤 07 选中矩形工具，执行"对象>路径>偏移路径"命令，在弹出的"偏移路径"对话框中设置"连接"为"圆角"，单击"确定"按钮，如下左图所示。

步骤 08 拖入一张花朵图片，按下Shift+Ctrl+]组合键将花朵图片置于底层，按住Shift键选中最上方的形状，右击并选择创建剪贴蒙版命令，效果如下右图所示。

步骤09 选中偏移之后的形状，选择路径文字工具，如下左图所示。在形状路径上单击创建路径文字，效果如下中图所示。

步骤10 在路径文字的"字符"面板中选择合适的字体样式，调整所选字符的大小和字距，如下右图所示。

步骤11 使用钢笔工具绘制出白色花朵和绿色树叶形状，效果如下左图所示。

步骤12 执行"窗口>路径查找器"命令，在弹出的"路径查找器"面板中单击"差集"按钮，如下右图所示。

步骤13 使用文字工具在画面相应位置输入文本"Flower Delivery"和"Contact us"，在其"字符"面板中设置合适的字体样式，设置C：68、M：71、Y：2、K：0的紫色填充颜色，如下左图所示。

步骤14 使用文字工具输入配送服务的中英文信息，输入文字时可以按Enter键换行，在其"字符"面板中选择合适的字体系列，在其"属性"面板的"段落"区域中选择"居中对齐"选项，如下右图所示。

步骤15 使用矩形工具在图片相应位置绘制一个白色矩形，拖入二维码置于矩形上方，拖入图标素材置于矩形下方。使用文字工具输入电话联系方式等信息，在"字符"面板中选择"方正大黑简体"字体系列，并根据版面设置适当的字间距，效果如下左图所示。

步骤16 在"字符"面板中选择"方正大黑简体"字体系列，设置字体大小为48pt，然后输入文本"SHOP ONLINE"，按下Enter键调整位置。选择椭圆工具并按住Shift键在画面中上方绘制一个奶油色圆形，在"字符"面板中设置字体大小为50pt，然后使用文字工具在圆形上方输入文本"-30% OFF"，效果如下右图所示。

步骤17 在"字符"面板中选择"Old English Text MT"字体系列，使用文字工具输入其他文字。使用钢笔工具绘制花朵和叶子并填充相应的颜色，效果如下图所示。

9.2.2 三折页的反面设计

主视觉做完之后就可以丰富正文了。三折页的反面即三折页的内页，相对于封面来说，反面设计可以更加简洁，主要用于展示详细的产品信息、活动内容等。反面的内容通常与封面主题相关，用于进一步解释和说明。三折页反面设计的操作步骤如下。

步骤 01 使用选择工具选中画板1中的背景和参考线，按住Alt键将它们复制到画板2上，使用吸管工具调整颜色，效果如下左图所示。

步骤 02 使用文字工具输入标题"About us"和"Design your bouquet"，使用吸管工具吸取前面的紫色文字样式。然后使用矩形工具和椭圆工具绘制矩形和圆形，给折页规划排版的版面，效果如下右图所示。

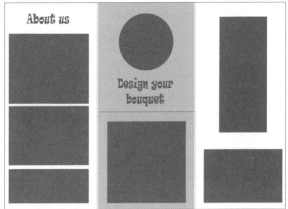

步骤 03 使用区域文字工具单击矩形创建区域文字，在字符"属性"面板中设置各项参数，如下左图所示。

步骤 04 在"段落"区域中单击居中对齐按钮，并使用选择工具调整区域宽度，效果如下右图所示。

步骤 05 拖入一张白色花朵图片，在其属性栏中选择裁剪图像选项，沿着矩形裁剪完成之后单击"应用"按钮，效果如下页左图所示。

步骤 06 选中圆形按下Ctrl+C组合键，再按下Ctrl+F组合键，在上方原位复制一层圆形图层，如下中图所示。单击"互换填色和描边"按钮，执行"对象>路径>偏移路径"命令，在弹出的"偏移路径"对话框中设置"位移"为3pt，如下页右图所示。

步骤07 拖入一张紫色花朵图片，单击"嵌入"按钮将图片嵌入。按下Ctrl+Shift+]组合键将图片置于底层，右击并执行创建剪贴蒙版命令，效果如下左图所示。

步骤08 使用区域文字工具单击矩形创建区域文字，使用吸管工具吸取绿色区域的文字样式，将区域文字的颜色设置为白色，使用文字工具输入内容，并在其"字符"面板中设置各项参数，效果如下右图所示。

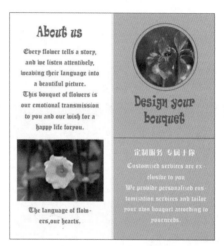

步骤09 拖入一张人物图片，单击"嵌入"按钮将图片嵌入。在其属性栏中选择裁剪图像选项，沿着矩形裁剪好之后单击"应用"按钮，使用矩形工具绘制矩形线框来装饰人物，效果如下左图所示。

步骤10 使用区域文字工具单击矩形创建区域文字，设置填色为绿色。使用文字工具输入文字并适当调整间距，效果如下右图所示。

步骤 11 至此，花店宣传三折页就设计完成了，其正反面的最终效果如下图所示。

提示：三折页的排版技巧

　　三折页排版需要符合大部分人的阅读习惯和审美，要做到细致、有规则。可以将"段落"面板、"字符"面板和"对齐"面板相结合使用，做到文字和图片相互协调。另外，图层蒙版也为图片增加了艺术效果。

Ai 第10章 书籍装帧设计

本章概述

　　书籍装帧设计的应用范围相当广泛，涵盖了不同类型的书籍以及不同的设计元素和装帧方式。本章将详细介绍如何设计一款书籍封面。

核心知识点

❶ 认识书籍装帧设计
❷ 了解书籍设计的历史
❸ 掌握书籍封面的设计方法
❹ 熟练应用钢笔工具

扫码看视频

10.1 书籍装帧介绍

　　书籍装帧设计是指从书籍文稿到成书出版的整个设计过程，涵盖了书籍形式从平面化到立体化的转变，这个过程包含了艺术思维、构思创意和技术手法的系统设计。本节将对书籍装帧的组成和书籍设计历史进行介绍。

10.1.1 书籍装帧的组成

　　书籍装帧设计是包含了艺术思维、构思创意和技术手法的系统设计，涵盖了设计内容、装帧形式、封面、腰封、版面、色彩、插图、纸张材料、印刷和装订等方面。具体介绍如下。

- **设计内容**：包括页眉、页脚、章节标题等设计。
- **装帧形式**：包括平装、精装等，决定书籍的外观和质感。
- **封面设计**：包括封面图案、色彩、字体等元素，是书籍外观的重要组成部分，效果如下左图所示。
- **腰封设计**：腰封又称"书腰纸"，是包勒在封面腰部的纸带，用于补充书籍信息或作为装饰。
- **版面设计**：确定书籍正文的字体、字号、行距、段距等排版元素。
- **色彩设计**：选择适合书籍内容和风格的色彩搭配。
- **插图设计**：根据书籍内容设计插图，能增加书籍的视觉效果和可读性，效果如下右图所示。
- **纸张材料**：选择合适的纸张材料和工艺，以确保书籍的质感和寿命。
- **印刷和装订**：选择适当的印刷方式和装订方式，以确保书籍的质量和外观。

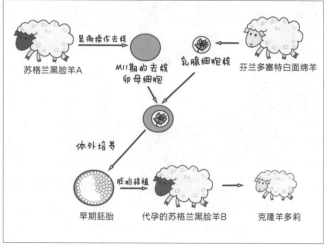

10.1.2　书籍设计的历史

中国古代书籍的装帧形式经历了简策、卷轴、经折装、旋风装、册页等形式的演变。这些形式不仅体现了古代书籍装帧技术的发展，也反映了当时社会的审美和文化背景。

- **简策形式**：中国最早的书籍形式，始于周，盛于秦。其中用竹做的书称为简策，用木做的书称为版牍。
- **卷轴形式**：出现于六朝，广布于隋唐。卷是用帛或纸做的，有4个组成部分：卷、轴、镖、带。如下左图所示
- **经折装和旋风装**：始于唐代后期，其中经折装是将长的卷子折成相连的许多长方形，如下右图所示。旋风装是将经折装的书前后用木板相夹，出现于六朝，广布于隋唐。

- **册页形式**：始于五代，沿至明清，中国四大发明中的造纸术和印刷术是促进册页形成发展的重要条件。
- **蝴蝶装**：始于唐末五代，盛行于宋元，由经折装演化而来。蝴蝶装就是将印有文字的纸面朝里对折，再以中缝为准，把所有页码对齐，用糨糊粘贴在另一包背纸上，然后裁齐成书。下左图为蝴蝶装的《文章正宗》。
- **包背装**：是基于蝴蝶装发展而来的装订形式，主要区别在于对折书页时字面朝外，背面相对，书页呈双页状。包背装发明的时间大约在南宋末，元代时特别盛行，明清时期的书籍装帧大多使用包背装。包背装的《钦定四库全书》如下中图所示。
- **线装**：产生于宋代，是我国装订技术史上第一次将零散页张集中起来，用订线方式穿联成册的装订方法，是最接近现代意义的平装书的一种装订形式。
- **现代书籍**：现代社会，科学技术水平不断提高，书籍装帧进入一个崭新且繁荣的时期。计算机技术的广泛应用，各种新兴材料的诞生以及现代印刷制版和装订技术的革命，使现代书籍装帧设计以新的设计理念和新的视觉空间表现呈现了多元化、个性化的特征。如下右图所示。

10.2 书籍封面设计

设计书籍封面时应遵循一定的原则和步骤，以确保设计既有吸引力又能准确地传达书籍的主题和内容。本小节将介绍书籍封面的设计要素及书籍的排版和布局，并应用文字排版工具、钢笔工具及蒙版工具制作书籍封面和书籍封面的立体效果。

10.2.1 书籍封面的设计要素

书籍封面设计包含4大元素：文字、图形、色彩和构图。封面文字要简练，主要包括书名、作者名和出版社名等封面文字信息。

- **文字**：选择合适的字体和字号，确保书名、作者名和出版社名称等信息清晰可读。可以考虑对字体进行个性化设计，以更好地传达书籍的主题和氛围。如下左图所示。
- **图像**：选择与书籍内容相关的图像，可以是摄影图片、插图或图案等。图像应与书籍主题和风格相匹配，同时具有视觉冲击力。可以考虑使用图像满铺、三边出血、去底图等编排方式，以突出图像效果。如下中图所示。
- **颜色**：选择适合书籍主题和氛围的颜色搭配。色彩应明快、鲜明，避免使用过于暗淡或刺眼的颜色，可以考虑使用对比色或渐变色来增强视觉效果。如下右图所示。

10.2.2 书籍封面的排版和布局

书籍封面设计需要注意排版和布局，具体要求如下。

- **合理布局**：将文字、图像和颜色等设计元素进行合理地布局和安排，确保封面既有层次感又有节奏感。
- **注意排版**：文字排版应清晰易读，避免过于拥挤或分散。同时，可以运用对比、重复等排版技巧来增强设计效果。
- **注意细节**：在设计中要注意处理各种细节问题，如文字间距、图片边缘处理、色彩过渡等。
- **保持简洁**：避免设计过于复杂和烦琐，应尽量保持简洁明快的风格。

10.2.3 设计书籍封面

下面以人像写真书籍设计为主题，介绍书籍装帧设计中封面设计的操作过程。通过本案例的学习，用户能够更加熟练地掌握蒙版、文字排版和渐变工具。具体操作步骤如下。

步骤 01 执行"文件>新建"命令，在"新建文档"对话框中设置各项参数，参数的设置如下左图所示。

步骤 02 新建文档后按下Ctrl+R组合键显示标尺，选择垂直标尺并拖拽辅助线，分别在垂直方向0mm、180mm、220mm、390mm的位置添加辅助线，划分好封底、书脊、封面的区域，效果如下右图所示。

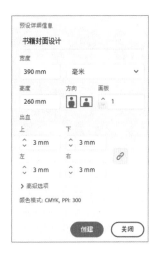
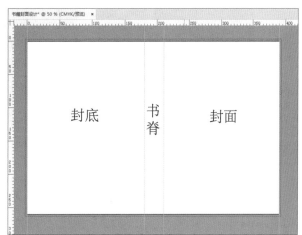

步骤 03 使用矩形工具绘制一个宽和高为396mm和266mm的白色矩形，效果如下左图所示。

步骤 04 拖入一张人像图片，在其属性栏中单击"嵌入"按钮将图片嵌入文件，将其调整到合适的大小，效果如下右图所示。

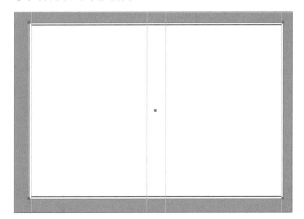

步骤 05 选择矩形工具，在"属性"面板的"变换"区域中设置宽和高，取消勾选"保持宽度和高度比例"复选框，绘制一个宽和高为182mm和130mm的矩形，如下左图所示。

步骤 06 选中图片和矩形，右击并执行"建立剪切蒙版"命令，效果如下右图所示。

步骤 07 在"颜色"面板中设置填充为无、描边为黑色，使用矩形工具在相应位置绘制一个宽和高为40mm和80mm的矩形线框，在属性栏中设置描边为3pt，效果如下左图所示。

步骤 08 使用钢笔工具，将光标移到矩形路径上，在出现加号时单击路径添加锚点，效果如下右图所示。

步骤 09 选择直接选择工具，在矩形线框的相应位置选中锚点，按Delete键删除。使用选择工具，选中这些分割好的线，按下Ctrl+G组合键将它们编组，效果如下左图所示。

步骤 10 选择文字工具，在其"字符"面板中设置字体系列为"站酷小薇LOGO体"，字体大小为60pt，然后在线框相应的位置输入文字，效果如下右图所示。

步骤 11 使用矩形工具绘制一个黑色矩形，如下左图所示。

步骤 12 使用直排区域文字工具单击矩形路径创建区域文字，输入文字并在其"字符"面板中设置各项参数，如下右图所示。

步骤13 选择文字工具，在其"字符"面板中设置字体系列为"方正粗宋简体"，在画面相应位置输入文字内容，效果如下左图所示。

步骤14 使用文字工具选中单个文字，在其"属性"面板中调大字号，然后在其"外观"面板中设置填色为红棕色，效果如下右图所示。

步骤15 选中文字和描边，按下Ctrl+G组合键将它们编组，执行"编辑>首选项>常规"命令，在弹出的"常规"对话框中勾选"缩放描边和效果"复选框，单击"确定"按钮，效果如下左图所示。

步骤16 选中上方编好的组并按住Alt键将其拖动到书脊位置复制一层，效果如下右图所示。

步骤17 选中复制的对象，将光标移到对象的选框上，待出现双向箭头时按下Shift键等比例缩小对象，效果如下左图所示。

步骤18 选择直排文字工具，在其"字符"面板中设置字体系列为"方正兰亭黑_GBK"、字体大小为23.49pt，适当调节字间距，如下右图所示。

步骤19 使用文字工具输入出版社名称，在"字符"面板中选择"方正超粗黑繁体"，效果如下左图所示。

步骤20 使用矩形工具绘制一个宽和高为100mm和140mm的矩形，执行"对象>路径>偏移路径"命令，设置"位移"数值为-5mm，单击"确定"按钮，如下右图所示。

步骤21 拖入人物素材并嵌入文件，调整大小并放到合适的位置，效果如下左图所示。

步骤22 按下Ctrl+Shift+[组合键将图片置于底层，按Shift键并选中上方的矩形，右击并执行"建立剪切蒙版"命令，效果如下右图所示。

步骤23 在"颜色"面板中，设置C：27、M：13、Y：15、K：0的矩形边框颜色，效果如下左图所示。

步骤24 选中标题并按下Ctrl+C组合键和Ctrl+F组合键，复制一层标题并拖到封底位置装饰人像。按下Ctrl+Shift+]组合键，将标题置于顶层并调整其大小和位置，效果如下右图所示。

步骤25 使用矩形工具和对齐工具绘制条形码，然后输入对应数字，效果如右图所示。

步骤 26 最终效果如下图所示。

10.2.4 制作具有立体效果的封面

上一小节讲述了书籍封面的设计过程，为了使书籍封面达到更好的展示效果，用户需要制作立体效果的书籍封面，具体操作步骤如下。

步骤 01 执行"文件>导出>导出为"命令，如下左图所示。

步骤 02 在弹出的"导出"对话框中，设置"文件名"为"书籍封面"，设置"保存类型"为JPEG格式，将文件导出为图片格式并勾选"使用画板"复选框，单击"导出"按钮，如下右图所示。

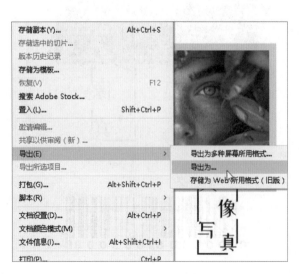

步骤 03 在弹出的"JPEG选项"对话框中设置相关参数，然后单击"确定"按钮，如下左图所示。

步骤 04 新建文档，设置名称为"封面立体效果"并设置各项参数，单击"创建"按钮，如下右图所示。

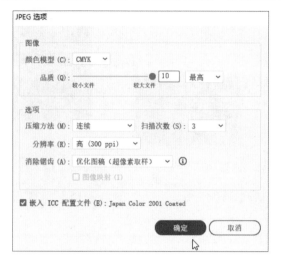

步骤 05 选择矩形工具，光标置于画板上并双击，在弹出的"矩形"对话框中设置宽度和高度为183mm和266mm，如下左图所示。

步骤 06 执行"效果>风格化>圆角"命令，在打开的"圆角"对话框中设置"半径"为5mm，单击"确定"按钮，如下右图所示。

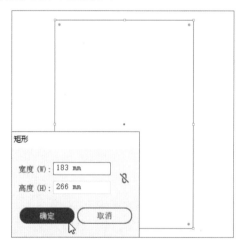

步骤 07 保持对象为选中状态，执行"对象>扩展外观"命令，如下左图所示。

步骤 08 选择直接选择工具，单击左上角的任意锚点，然后将出现的小圆点向外拖动，如下右图所示。

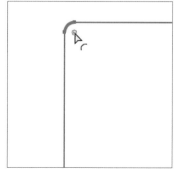

步骤 09 按照同样的方法拖动左下角的小圆点，如下左图所示。

步骤 10 将之前导出的封面文件置入并单击"嵌入"按钮，效果如下右图所示。

步骤 11 选中创建的圆角矩形，按下Ctrl+Shift+]组合键将矩形置于顶层，效果如下左图所示。

步骤 12 调整封面图片的大小和位置，将其移动到矩形上并覆盖封面正面，效果如下右图所示。

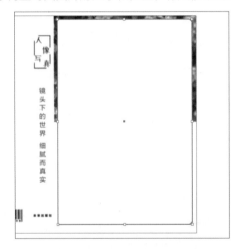

步骤 13 选中创建的圆角矩形，按住Alt键拖动并置于旁边备用，如下左图所示。

步骤 14 选中封面图片和它上方的矩形，右击并执行"建立剪切蒙版"命令，效果如下右图所示。

步骤15 选择矩形工具绘制一个画板大小的矩形,效果如下左图所示。

步骤16 选中矩形,按下Ctrl+Shift+[组合键将矩形置于底层,效果如下右图所示。

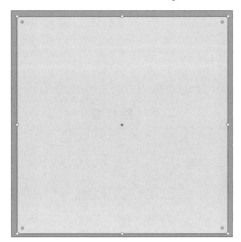

步骤17 选中渐变工具,为矩形添加由白色到浅青色(C:40、M:0、Y:10、K:30)的径向渐变,参数设置如下左图所示。

步骤18 添加渐变后的效果如下右图所示。

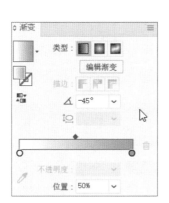

步骤19 将备用的矩形拖入画板并右击,在弹出的快捷菜单中执行"变换>移动"命令,如下左图所示。

步骤20 在弹出的"移动"对话框中设置移动的参数,单击"复制"按钮,如下右图所示。

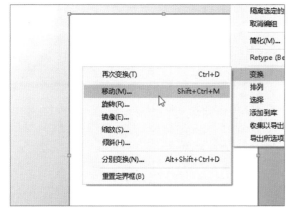

步骤21 选择顶层的圆角矩形，按下Ctrl+C组合键和Ctrl+V组合键复制并适当缩小，效果如下左图所示。

步骤22 为复制的矩形添加由白色到浅黄色（C：0、M：10、Y：20、K：30）的镜像渐变，参数设置如下右图所示。

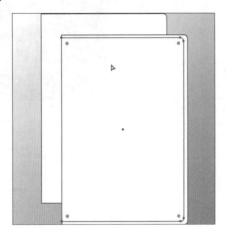

步骤23 添加渐变后的效果如下左图所示。

步骤24 执行"对象>变换>移动"命令，打开"移动"对话框并设置相关参数，单击"复制"按钮，如下右图所示。

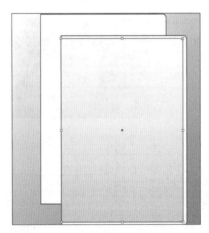

步骤25 复制后的效果如下左图所示。

步骤26 按下Ctrl+D组合键重复 步骤24 的操作8次，效果如下右图所示。

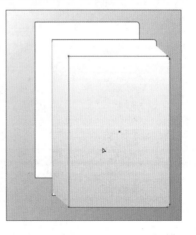

步骤 27 选中复制的所有矩形，按下Ctrl+G组合键将它们编组，效果如下左图所示。

步骤 28 对最后一个圆角矩形进行置于顶层操作，将其调整到相应位置，效果如下右图所示。

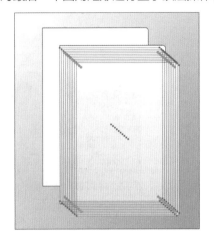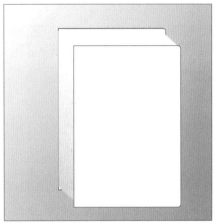

步骤 29 将之前制作的封面置于顶层并调整到相应位置，效果如下左图所示。

步骤 30 使用选择工具选择内页，双击渐变工具，在"渐变"面板中调整渐变效果，如下右图所示。

步骤 31 使用钢笔工具绘制书脊，效果如下左图所示。

步骤 32 使用直接选择工具选择内页，双击渐变工具，在"渐变"面板中添加渐变描边，参数设置如下右图所示。

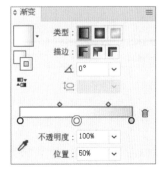

步骤 33 内页效果如下左图所示。

步骤 34 打开书籍封面文件，将书脊上的文字内容编组，然后拖入立体封面效果文件，将文字置于书脊上，效果如下右图所示。

步骤 35 选中书脊上的文字组，右击并执行"变换>倾斜"命令，如下左图所示。

步骤 36 在弹出的"倾斜"对话框中设置"倾斜角度"为40°、垂直角度为90°，然后单击"确定"按钮，如下右图所示。

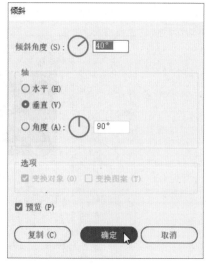

步骤37 设置倾斜后的效果如下左图所示。

步骤38 然后制作阴影效果。选择钢笔工具，在底部绘制阴影形状，并为此形状添加径向渐变，效果如下右图所示。

步骤39 按Ctrl+[组合键将绘制的形状置于立体书下方，效果如下左图所示。

步骤40 执行"效果>滤镜>高斯模糊7"命令，为阴影添加模糊效果，最终效果如下右图所示。

Ai 第11章 海报设计

本章概述

　　海报是一种多功能、高效且富有创意的视觉传达方式，可以有效地传达信息并吸引观众。本章将带大家了解海报设计的相关知识，并应用渐变工具和蒙版工具上机制作一幅旅游海报。

核心知识点

❶ 认识海报设计
❷ 了解海报设计的基本要素
❸ 掌握海报的制作技巧
❹ 熟练应用蒙版工具和渐变工具

扫码看视频

11.1 海报设计介绍

　　海报是一种视觉传达的表现形式，通过版面的构成吸引人们的目光，这就要求设计者将图片、文字、色彩、空间等要素进行结合，以符合广告主题的要求。海报设计通常具有尺寸大、内容广泛、艺术表现力丰富、远视效果强烈等特点。

11.1.1 海报设计的组成

　　海报设计是一种综合运用图形、文字、色彩、排版等元素来传达信息的艺术形式。

- **图形**：图形是海报的主要视觉元素，能够迅速传达信息并吸引观众的注意力。下左图为以图形为主的海报设计。
- **文字**：文字承载着海报的主要信息内容，需要简洁明了并易于阅读和理解。下中图为以文字为主的海报设计。
- **色彩**：色彩的选择和搭配对于海报的整体视觉效果至关重要，不同的色彩能够营造出不同的氛围和情感。
- **排版**：排版决定了海报中各个元素的位置和布局，合理安排才能使海报整体和谐统一。下右图为图文排版结合的海报设计。

此外，海报设计还需要考虑目标受众、宣传目的、文化背景等因素。设计师需要具备创意、审美和技术等多方面的能力，以便能够创作出符合宣传要求、具有艺术感染力的海报作品。

11.1.2 海报设计的风格

海报设计的风格多种多样，每种风格都有其独特的视觉特点和表达方式。以下为常见的几种风格介绍。

- **极简风格：** 适合展示高端品牌或产品，传达简约而不简单的理念。下左图为极简风格的海报设计。
- **扁平化风格：** 常用于APP界面设计、社交媒体海报等，因其简洁明了而受到欢迎。下中图为扁平化风格的海报设计。
- **插画风格：** 适合需要展现故事性、情感性或创意性的海报设计。
- **国潮风格：** 常见于推广中国传统文化、民族品牌或产品的海报设计中。下右图为国潮风格的海报设计。
- **酸性风格：** 通过高度失真或超现实的视觉效果来表现，适用于时尚、前卫、艺术等领域的海报设计。

- **日式风格：** 以简洁、自然、淡雅为核心，追求与大自然的融合和禅意的表达。常见于旅游、美食等领域的海报设计。下页左图为日式风格的海报设计。
- **复古风格：** 倾向于使用明亮而柔和的色彩，适用于怀旧、复古主题的海报设计，如老电影海报、复古音乐会等。下页中图为复古风格的海报设计。
- **弥散风：** 通过渐变模糊产生虚实的色彩光感，适用于艺术展览、音乐会等需要营造氛围的海报设计。
- **赛博朋克风格：** 适用于科技、游戏、电影等领域的海报设计。常见的视觉元素包括高楼林立、霓虹灯、街头广告和街牌标志等，能在视觉上产生强烈的冲击力。
- **故障艺术风格：** 是一种利用技术故障或模拟技术故障进行艺术创作的风格，适用于创意、前卫、科技等领域的海报设计。下页右图为故障艺术风格的海报设计。

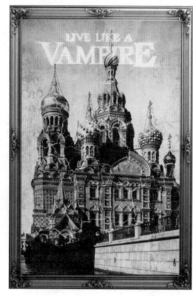

11.2 海报的制作

　　海报设计是一种多功能、高效且富有创意的视觉传达方式，通过合理运用基本要素、设计技巧和设计流程，可以有效地传达信息并吸引观众。以下是对海报设计方面的详细介绍。

11.2.1 基本要素和设计技巧

　　海报的基本要素包含标题、图像、色彩、字体、布局、标志等，辅以巧妙的设计技巧，比如使用渐变色、加入立体效果、运用几何图形、字体符号化等，能构成一幅内容丰富、形象美观的海报。下面来具体介绍海报的基本要素和设计技巧。

（1）基本要素

● **标题**：标题是海报的核心内容，通常采用醒目的字体和颜色，如下图所示。标题要言简意赅，能够
　表达主题并引发观众的兴趣。

● **图像**：图像可以是照片、插画或图表等形式，与海报主题相关联，并具备表达力和辨识度。
● **色彩**：色彩在海报设计中非常重要，可以传递情感和信息。设计时需要选择适合主题的色彩搭配，
　以营造出符合意图的氛围。

- **字体**：字体的选择和排版也很关键。字体要与主题相符合，并注意大小、颜色、间距等因素，以确保文本易于阅读且排版美观，如右图所示。
- **布局**：布局涉及信息的分布和排列，以及元素之间的间距和比例，要合理布局以保证海报的视觉效果和平衡感。
- **标志**：标志或品牌标识可以提高品牌的辨识度和记忆度，需清晰可辨并与整体设计风格协调。

（2）设计技巧

用户在进行海报设计时可运用多种技巧来提升视觉效果，如反常态以制造矛盾、利用大小元素进行对比、巧妙裁剪照片、使用渐变色、加入立体效果、通过元素点缀强调重点、运用几何图形、字体符号化、利用肌理填充增加质感、制造悬念引发想象等。

（3）应用领域

海报设计广泛应用于商业广告、文化、艺术活动宣传、政治宣传等多个领域。在商业广告中，海报可以树立品牌形象，推广产品。下左图为宠物商业广告，下中图为比萨店宣传海报，下右图为电影活动宣传海报。在文化艺术活动中，海报能吸引观众参与。

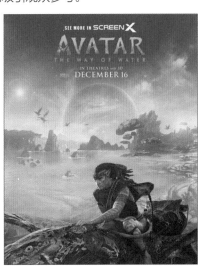

11.2.2 旅游海报设计

接下来将在Illustrator中制作一幅旅游海报，通过本案例的操作，用户能熟练掌握文字排版、蒙版、变换等功能，以下是详细操作步骤。

步骤 01 打开Illustrator软件，执行"文件>新建"命令，在弹出的"新建文档"对话框中输入标题"旅游海报设计"，并设置各项参数，单击"创建"按钮，如下页左图所示。

步骤 02 使用矩形工具绘制一个画板大小的矩形。执行"窗口>渐变"命令，在弹出的的"渐变面板"中设置"类型"为径向渐变，设置角度为90°，渐变滑块为湖水绿到白色到湖水绿（C=60、M=0、Y=40、K=0）的渐变，如下页中图所示。调整渐变后的效果如下页右图所示。

步骤 03 使用钢笔工具，绘制一个下左图中的不规则形状。

步骤 04 拖入一张风景照片，在其上方的属性栏中单击"嵌入"按钮，将图片嵌入文件，如下右图所示。

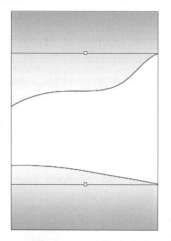

步骤 05 按下Ctrl+Shift+[组合键将图片置于底层，按住Shift键并选择上方绘制的形状，右击并执行"建立剪切蒙版"命令，效果如下左图所示。

步骤 06 在工具栏中选择文字工具，在绘制的形状上方输入文字标题，如下中图所示。在其"字符"面板中设置字体系列为"方正超粗黑简体"并设置各项参数，如下右图所示。

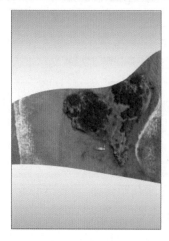
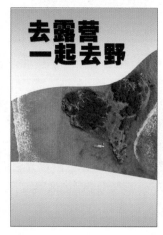

步骤 07 使用选择工具选中标题，右击并执行"变换>倾斜"命令，在弹出的"倾斜"对话框中设置"倾斜角度"为10°，如下左图所示。

步骤 08 再次右击，执行"变换>旋转"命令，在"旋转"对话框中设置"角度"为5°，如下右图所示。

步骤 09 选中文本"去露营"，在其颜色面板中设置C：85、M：40、Y：55、K：0的填色，效果如下左图所示。

步骤 10 使用文字工具输入英文，依照**步骤 07**至**步骤 09**的方法对文字进行倾斜和旋转并填充颜色。使用画笔工具绘制一朵小花来装饰文字，并在其"颜色"面板中设置小花的填色为橙色、描边为白色，效果如下右图所示。

步骤 11 使用钢笔工具绘制装饰线条，在"颜色"面板中分别设置描边为橙色（C=0、M=70、Y=80、K=0）和灰色（C=0、M=0、Y=0、K=60），效果如下左图所示。

步骤 12 使用椭圆工具绘制椭圆装饰，使用文字工具输入文本"组团露营　惠享低价"和文本"夏季出游"，依照**步骤 07**至**步骤 08**的方法对文字进行倾斜和旋转，效果如下右图所示。

步骤13 选择矩形工具，在相应位置绘制不同大小的矩形，并分别填色绿色、黑色、白色，再给白色矩形添加黑色描边，效果如下左图所示。

步骤14 在绿色矩形上面输入文字，按照**步骤07**至**步骤08**的方法对文字进行倾斜和旋转，并给文字填色橙色来形成撞色，以突出对比。在黑色矩形上方输入相应的文字，调整其大小位置，在其"对齐"面板中单击"垂直居中对齐"按钮，再单击"水平居中对齐"按钮，效果如下右图所示。

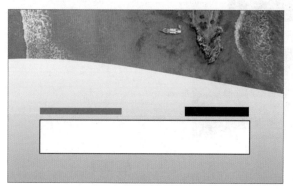

步骤15 选择文字工具，在其"字符"面板中设置各项参数，然后在白色矩形内输入文字，效果如下左图所示。

步骤16 选择钢笔工具，在其属性栏中设置描边大小为1.5pt，然后绘制一个箭头形状来连接两个日期，效果如下右图所示。

步骤17 选择椭圆工具并按住Shift键绘制一个圆形，在其"颜色"面板中设置填色为白色、描边为浅绿色，效果如下左图所示。

步骤18 按住Alt键并拖动圆形以复制，然后按下Ctrl+C组合键和Ctrl+D组合键重复复制，效果如下右图所示。

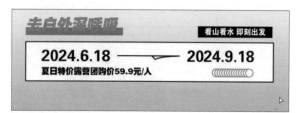

步骤19 选择文字工具，输入联系电话、地址、手机和网址等信息。使用直线工具绘制直线将信息隔开，然后绘制正方形来放置二维码，效果如下左图所示。

步骤20 在"去户外深呼吸"文本上方，使用文字工具输入文字来丰富画面，效果如右图所示。

步骤21 选择星形工具绘制一个星形，然后按住Alt键并拖动以复制，再按下Ctrl+C组合键和Ctrl+D组合键重复复制3个，最终效果如下图所示。

附录　课后练习答案

第1章

一、选择题
（1）A　（2）D　（3）ABCD

二、填空题
（1）RGB；CMYK

（2）形状；切片；选区

（3）数学方程式；无限缩放

第2章

一、选择题
（1）B　（2）A　（3）ABCD

二、填空题
（1）颜色；描边粗细；描边颜色；不透明度；
混合模式

（2）星形中心到星形最内点的距离；
星形中心到星形最外点的距离；星形具有的角数

（3）水平左对齐；水平居中对齐；水平右对齐；
垂直顶对齐；垂直居中对齐；垂直底对齐

第3章

一、选择题
（1）A　（2）C　（3）C　（4）A

二、填空题
（1）轮廓化描边

（2）用变形建立；用网格建立；顶层对象建立

（3）Alt

（4）"对象>混合>替换混合轴"

第4章

一、选择题
（1）A　（2）B　（3）B　（4）B

二、填空题
（1）HSB；RGB；CMYK

（2）"合并实时上色"；"对象>实时上色>合并"

（3）线性渐变；径向渐变

（4）平淡色；至中心；至边缘

第5章

一、选择题
（1）A　（2）C　（3）A　（4）B

二、填空题
（1）不透明蒙版；剪切蒙版

（2）"图层"

（3）"外观"；"透明度"

（4）Ctrl+G

第6章

一、选择题
（1）D　（2）B　（3）B　（4）C

二、填空题
（1）置入；Shift+Ctrl+P

（2）字符旋转

（3）正数；负数

（4）创建轮廓；Shift+Ctrl+O

第7章

一、选择题
（1）C　（2）A　（3）B　（4）A

二、填空题
（1）"扭转"

（2）羽化

（3）波纹效果